KB263529

BT
REPORT

가상융합기술(XR)관련 산업분석보고서

저자 비피기술거래 비피제이기술거래

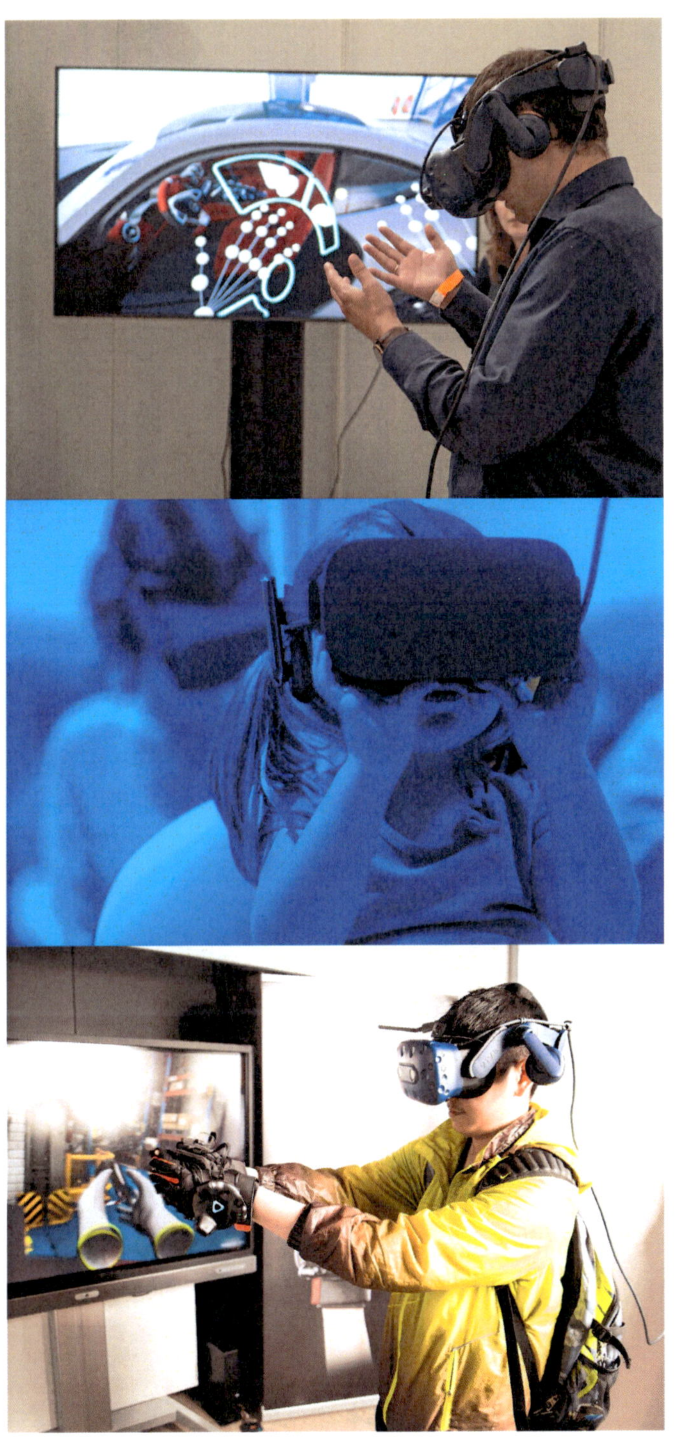

eXtended
Reality

㈜ 비티타임즈

01

서론

1. 서론

[그림 2] 가상융합기술

코로나19로 인한 비대면 수요의 증가는 사회에 다양한 변화를 가져왔다. 특히 비대면 수요의 증가로 인해 메타버스의 중요성이 증대되었고 이로 인해 이를 위한 가상융합기술 또한 큰 관심을 받게 되었다. XR이라고도 불리는 가상융합기술은 가상현실과 증강현실을 아우르는 혼합현실, 또는 혼합현실을 가능하게 하는 기술을 총망라하는 용어로, 3차원 공간에서의 상호작용·경험을 가능하게 하여 비대면 서비스에서의 현실적인 몰입도를 증대시킬 수 있는 기술로 주목받고 있다.

과거 가상현실, 증강현실, 혼합현실의 경우 이를 위한 디스플레이가 고가였기 때문에 빠른 성장에 한계가 있었다. 하지만, 최근 기술의 발달로 인해 디스플레이의 가격이 보다 낮게 형성되었고 코로나19로 인한 비대면 수요의 증가와 맞물려 빠르게 성장하고 있다. 또한 다양한 산업군에서 활용사례가 증가하면서 지속적으로 성장할 것으로 전망된다.

본 보고서에서는 증강현실, 가장현실, 혼합현실을 모두 아우르는 개념인 가상융합기술을 가상현실(VR), 증강현실(AR), 혼합현실(MR), 확장현실(XR)을 통해 살펴보고자 한다. 또한 시장동향과 기술동향, 정책동향을 통해 현재 가상융합기술의 발전상황과 앞으로의 발전 방향을 예측해보고자한다.

---

1) [Trend of Policy] '가상융합경제 발전전략' 공개, 가상융합기술 전폭적 지원 예정, 헬로티, 2021.01.14

02

가상융합기술 개요

2. 가상융합기술 개요
가. 가상융합기술 개념
1) 가상융합기술(XR)[2][3][4]

가상융합기술(eXtended Reality;XR)이란, 가상현실(Virtual Reality)과 증강현실(Augmented Reality)을 아우르는 혼합현실(Mixed Reality), 또는 혼합현실을 가능하게 하는 기술을 총망라 하는 용어로, 3차원 공간에서의 상호작용·경험을 가능하게 하여 비대면 서비스에서의 현실적 인 몰입도를 증대시킬 수 있는 기술로 주목받고 있다.

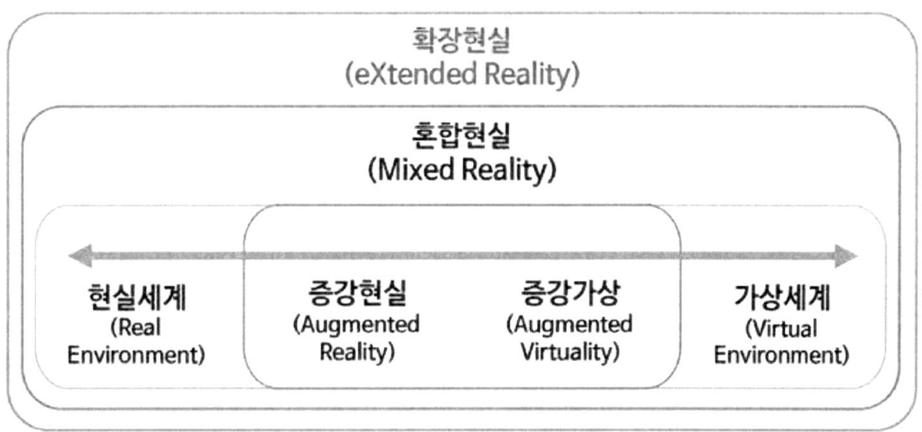

[그림 4] 가상융합기술

구분	기술 정의
가상현실	현실을 완전히 새로운 3D 디지털 환경으로 대체하는 기술
증강현실	사용자가 눈으로 보는 현실 세계 위에 디지털 콘텐츠(가상 이미지)를 겹쳐 보 여주는 기술
혼합현실	실시간으로 실제 환경과 상호작용하는 가상의 디지털 콘텐츠를 구현하는 기술
확장현실	가상현실, 증강·혼합현실의 기능을 자유롭게 전환, 선택할 수 있는 기술

[표 1] 가상융합 기술 정의

---

2) XR(확장현실) 시대의 도래, 이슈브리프, 2021.05.10
3) XR 기술과 메타버스 플랫폼 현황, 2021
4) XR(VR, AR·MR)용 마이크로 디스플레이 기술동향, 한국디스플레이산업협회

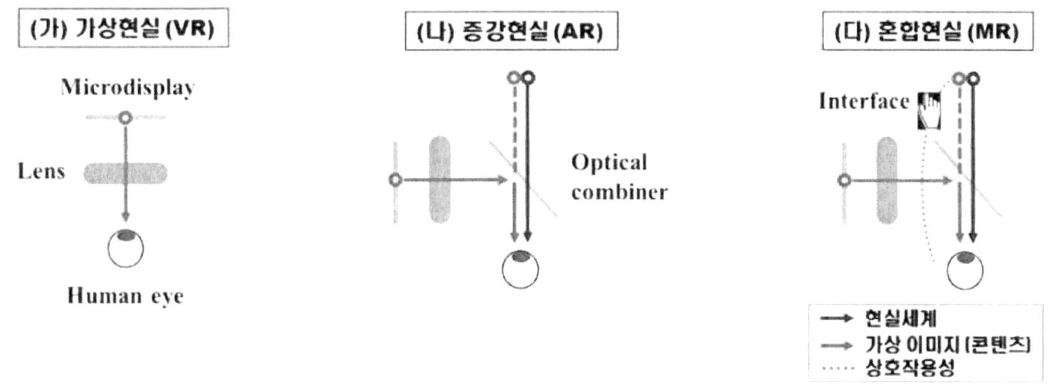

[그림 5] 가상현실, 증강현실, 혼합현실 광 경로 및 기능 비교

구분	가상 이미지 (콘텐츠)	현실 세계	상호작용성
가상현실	High	Low	Middle
증강현실	Low	High	Middle
혼합현실	Middle	High	High
확장현실	Switchable	Switchable	Switchable

[표 2] 가상현실, 증강현실, 혼합현실, 확장현실 비교

XR은 AR, VR, MR을 모두 지원할 수 있는 새로운 형태의 웨어러블 기기들이 등장하면서 나온 용어로 퀄컴이 2018년 XR 플랫폼 스냅드래곤 XR1을 출시하고 2020년 마이크로소프트가 XR 글래스를 출시하면서 사용되기 시작했다.

XR은 AR, VR, MR 뿐만 아니라 증강가상 콘텐츠 생성을 가능하게 하는 H/W, S/W, 인터페이스 등의 기술을 포함하여 현실과 상호작용이 가능하도록 초실감을 제공한다. XR은 현실과 가상 간의 상호 작용이 강화되어 현실 공간에 배치된 가상의 물체를 만져 보는 간접 체험이 가능하다. 가령, 헤드셋을 쓰지 않아도 360도의 가상 뷰를 체험할 수 있으며, 공간음향 제공을 통해 실제와 같이 자연스러운 체험을 제공한다. 마이크로소프트(MS)가 개발한 홀로렌즈는 안경 형태이지만 현실 공간과 사물 정보를 파악해 최적화된 3D 홀로그램을 표시한다.

2020년 5G 기반의 XR 산업 육성을 위해 미국 버라이존, 퀄컴, 프랑스 오렌지텔레콤, 일본 KDDI, 중국 차이나텔레콤 및 LG유플러스 등 국내외 글로벌 사업자들이 '글로벌 XR 얼라이언스'를 창립했고, 국내에서도 스마트공장 관련 ICT 기업들과 운영 기술 개발 기업이 모여 '5G 기반 스마트 팩토리 얼라이언스'를 출범해 스마트 팩토리에 적용할 XR 융복합 서비스를 개발하고 있다.

  XR 기술의 근간이 될 수 있는 하드웨어로는 디스플레이를 위한 VR HMD나 AR 글래스와 같은 단말과 자연스러운 영상 생성을 위한 모션 캡처 장비 등의 발전이 필수적이라고 할 수 있다. 단말의 경우 2020년 10월에 출시된 오큘러스 퀘스트2 와 같이 기존 HMD에 비해 무게, 크기, 가격은 낮아지고 성능이나 해상도는 높아지고 있다고 할 수 있고, 모션 캡처 장비는 전신 슈트, 핸드 모션, 장갑, 관절슈트, AI 엔진과 일반 카메라, AI 엔진과 키넥트 등 다양한 제품의 출시와 정확한 모션 캡처라는 특성이 강화되고 있다.

  소프트웨어 측면을 고려하면 XR 콘텐츠를 개발하기 위한 개별적인 저작도구 개발에 비해 개발 기간을 단축시킬 수 있는 개발 엔진을 사용하는 사례가 확대되고 있다. 대표적인 개발 엔진으로는 게임이나 3D 애니메이션 개발에 널리 쓰이고 있는 Unity, 고품질 콘텐츠를 개발하기 위한 Unreal, 웹 기반이나 접근성을 높이고 표준화된 콘텐츠를 개발하기 위한 OpenXR 등이 있다. 이러한 소프트웨어로 개발해야 할 XR 콘텐츠의 핵심 요소로 아바타와 가상 공간을 들 수 있다. 아바타 기술로는 실물에 가깝게 인물의 사진을 이용해서 겉모양을 인공지능으로 자동 렌더링하고 입 모양, 표정을 생성해 주는 기술인 Realistic Avatar, 제페토에서 사용하고 있는 Semi-Realistic Avatar, 네이버 웹툰 등에서 사용하고 있는 Cartoon Avatar, 시판 중인 3D 카메라만 연결하면 실시간 볼류메트릭 비디오 촬영할 수 있는 홀포트 기술 등이 개발되어 사용되고 있다.

  일본에서는 VRM 표준을 이용하여 애니메이션 파일 포맷을 사용하고 실제 구현된 아바타를 다른 서비스에 활용하는 사례도 시도되고 있다. 가상공간은 대부분 CG 기반으로 제작하지만 360 카메라를 이용하여 촬영하여 파일로 만든 다음 실사 기반의 3D 공간을 제작하거나 3D 공간을 실 측하여 실사 기반의 3D 공간을 제작하는 기술이 사용되는데 CG 기반에 비해 비용이 높고, 360 카메라를 사용하는 경우 배경이 움직이지 않는다는 단점이 있다. 사람의 실제 동작을 아바타에 적용하기 위해 모션캡처와 인공지능 기술들이 많이 시도되어 자연스러운 영상 생성을 위한 기술 개발이 진행되고 있다. 또한 AvatarSDK.com, Ready Player Me, 언리얼 메타휴먼 크리에이터 등 플랫폼 기반의 개발을 지원하는 SDK, 음성, 텍스트 채팅, 멀티 플레이 등의 소셜 VR 플랫폼 구축을 지원하는 포톤 엔진/포톤 클라우드/스페이스 허브, 웹 기반 아바타 멀티 플레이 플랫폼 구축을 지원하는 모질라 허브, 화상, 음성, 텍스트, 멀티 플레이, 아바타, 3D 오디오, CMS 등을 지원하는 살린 XR 소셜 SDK 등을 활용하여 다양한 메타버스 플랫폼을 구축하는 서비스가 진화되고 있다.

2) 가상현실(VR)

 가상현실(Virtual Reality)이란 실제하고 있지 않은 환경을 실제로 존재하는 것과 같이 사용자에게 제공해 줄 수 있는 기술이며, 현실과 유사한 환경을 가상현실 기술을 통해 구현하고 이것을 사용자가 상호작용하며 실제와 유사한 경험을 통해 몰입할 수 있는 가상의 공간을 의미한다. 즉, 가상현실이란 컴퓨터 기술을 기반으로 특정한 환경이나 상황을 인공적으로 만들어 그것을 사용하는 사람으로 하여금 실제와 유사한 공간적, 시간적 체험을 하도록 하는 것이다.

 가상현실의 가장 중요한 특징에는 3차원의 공간성, 실시간의 상호작용성, 몰입이 있다. 여기에서 3차원의 공간성이란 사용자가 실재하는 물리적 공간에서 느낄 수 있는 상호작용과 최대한 유사한 경험을 할 수 있는 가상공간을 만들어 내기 위해 현실 공간에서의 물리적 활동 및 명령을 컴퓨터에 입력하고 그것을 다시 3차원의 유사 공간으로 출력하기 위해 필요한 요소를 의미한다.

 3차원 공간을 구현하기 위해 필요한 요소는 그것을 실시간으로 출력하기 위한 컴퓨터와 키보드, 조이스틱, 마우스, 음성 탐지기, 데이터 등이 있으며 이러한 장비들을 통해 사용자는 가상현실에 더욱 몰입할 수 있다. 사용자는 가상현실에 단순히 몰입할 뿐만 아니라 장치를 이용하여 조작이나 명령을 수행함으로써 가상현실 속에서 상호작용이 가능하며 사용자의 경험을 창출한다는 점에서 상호 작용이 일방적으로 구성되는 경우가 많고 그 목적이 극도로 분명한 시뮬레이션과는 구분된다.

 또한 가상현실은 현실을 기반으로 일부 가상의 콘텐츠를 제공하는 증강현실과는 달리 가상의 공간에서 시각·청각·촉각·미각·후각 등 감각정보를 활용하여 공간적, 물리적 제약 때문에 현실 세계에서 직접 경험하지 못하는 상황을 실감적으로 체험할 수 있는 현실적인 느낌을 제공한다.

 가상현실은 기술의 난이도, 성숙도, 시스템의 설치 및 운영방식, 몰입 등에 따라 몇 가지 유형으로 구분할 수 있다. 기술적 난이도는 낮고 기존의 컴퓨터 학습과 유사한 개념으로 데스크탑형 가상현실이라고도 불리는 비몰입형, 증가형이 있으며 기술적 난이도는 높지 않지만 프로젝터를 활용한 투사형, 원격조작형, 증강형이 있으며 기술적 난이도가 높고 성숙도가 낮은 몰입형 가상현실이 있다.

 제 3의 가상현실의 종류가 3가지 이상으로 나뉘지만, 일반적으로 몰입형 가상현실, 데스크탑형 가상현실, 제3의 가상현실로 크게 구분할 수 있다.

3) 증강현실(AR)

[그림 6] 밀그램의 이론을 통한 기술 분류

증강현실(Augmented Reality, AR)은 실제 환경에 가상의 이미지를 결합해 추가석인 정보를 제공하는 기술로, 실제가 아닌 가상현실을 체험할 수 있도록 하는 가상현실(Virtual Reality, VR)과는 차이가 있다.

증강현실은 가상현실과 달리 현실에 부가적인 정보를 보여주는 특징을 가진다. 증강현실은 통상적으로 가상현실과 같이 언급되는 경우가 많다. 최근에는 혼합현실(Mixed Reality) 등의 용어도 언급되고 있다.

완전한 가상 세계를 구성하는 가상현실과는 다르게 증강현실은 현실에 부가적인 정보를 보여주는 특징을 가진다. 혼합현실은 현실 환경과 가상현실 사이에 존재하는 모든 층위를 포함하는 개념으로, 증강현실 또한 혼합현실에 포함된다.

최근에는 증강현실, 가상현실, 혼합현실과 같은 모든 관련 기술들을 통칭하기 위해 XR 이라는 용어도 활용되고 있다. XR에서 X는 변수로 VR/AR 및 MR의 모든 기술을 통칭한다. [5]

---

5) VR/AR, 비현실의 현실화, 삼성증권, 2019.07.12

4) 혼합현실(MR)

혼합현실은 1994년 폴 밀그램(Paul Milgram)에 의해 구체화되었다. 혼합현실(Mixed Reality)은 현실 세계와 가상 세계가 혼합된 상태로, 현실을 기반으로 가상 정보를 부가하는 증강현실(Augmented Reality)과 가상 환경에 현실 정보를 부가하는 증강 가상(Augmented Virtuality)의 의미를 포함한다.

즉, 혼합현실은 완전 가상 세계가 아닌 현실과 가상이 자연스럽게 연결된 스마트 환경을 사용자에게 제공하여, 풍부한 체험을 제공한다. 일기 예보나 뉴스 전달을 위한 방송국 가상 스튜디오, 스마트폰이나 스마트안경(스마트 글래스)에서 촬영한 영상을 바탕으로 보여주는 지도 정보, 항공기 가상훈련, 가상으로 옷을 입어볼 수 있는 거울 등으로 다양한 분야에서 사용된다.

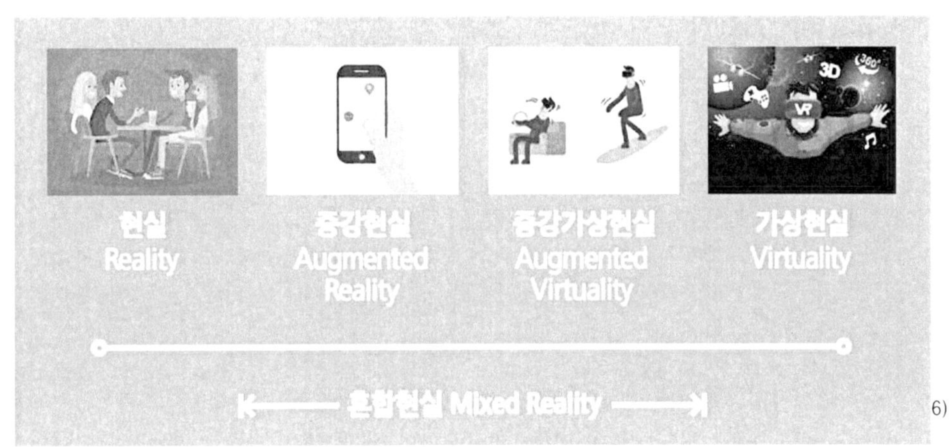

[그림 7] 혼합현실의 정의

그렇다면 증강현실, 가상현실과 혼합현실의 차이는 무엇일까? 먼저 증강현실과 가상현실에 대해 다시 한번 정리를 해보도록 하자.

증강현실(Augmented Reality, AR)이란 '확장된 현실'이란 뜻으로 현실의 어느 장면을 볼 때, 실제론 그 장면 속에 존재하지 않으나 거기 관련된 이미지나 정보가 덧붙여 보이는 걸 말한다. 이를 실현하기 위해서는 특수 안경을 쓰거나 스마트폰·태블릿의 사진 PC 촬영 모드를 이용해 그 장면을 봐야한다. 대표적인 예로는 영화 '아이언맨'에서 토니 스타크가 특수한 수트를 입으면 필요한 모든 정보가 눈앞에 펼쳐진다든지, '킹스맨'에서 주인공들이 안경을 쓰면 역시 자기가 보고 있는 대상에 관한 정보가 글자로 눈앞에 보이는 경우를 들 수 있다.

가상현실(Virtual Reality, VR)이란 '실제로 존재하진 않으나 꼭 실제로 존재하는 것 같은 현실'을 말한다. 가상현실 화면은 실제 현실 상황이 전혀 아닌, 만들어진 현실만으로 채워진다. 다만 이렇게 만들어진 현실이 실제 현실과 너무 흡사해 몰입감을 줄 뿐이다. 이를 위해 사용

---

6) '첨단'과 '상상' 입은 기술, 혼합현실(MR)을 아세요?, 삼성뉴스룸, 2017.06.21

자는 현실 세계 정보를 전혀 보거나 듣지 못하도록 특수하게 제작된 '헤드마운트디스플레이(HMD)'를 착용해야 한다.

 위의 그림에 등장하는 증강가상현실(Augmented Virtuality, AV)이란 가상현실 기법을 기반으로 콘텐츠를 만들되, 거기에 현실적 요소가 추가돼 상호작용되도록 하는 기술을 일컫는다. 예를 들면 당신이 사무실 의자에 앉아 HMD 고글을 쓰고 가상현실 축구장을 보고 있다고 하자. 그 상태에서 실제로 칩이 내장된 공을 집어 들어 힘껏 던지면 사무실 앞 벽에 맞아 튕겨나갈 것이다. 하지만 고글을 쓴 당신 눈엔 그게 골대 안으로 날아 들어가 그물을 흔드는 공의 모습으로 보이게 만드는 것이다.

 혼합현실이란 여기에서 한 단계 더 나아가, 현실세계와 가상세계 정보를 결합해 두 세계를 융합시키는 공간을 만들어내는 기술이다. 증강현실(AR)과 가상현실(VR)의 장점을 따온 기술인 혼합현실(MR)은 현실세계와 가상 정보를 결합한 게 특징이다. 혼합현실 기술 연구개발 동향 및 전망 보고서에 따르면, 혼합현실(MR)은 실제 환경의 객체에 가상으로 생성한 정보, 예를 들어 컴퓨터 그래픽 정보나 소리 정보, 햅틱 정보, 냄새 정보 등을 실시간으로 혼합해 사용자와 상호작용 하는 기술이다. 정보의 사용성과 효용성을 극대화한 차세대 정보처리 기술로 손꼽히고 있다.

	혼합현실(MR)	가상현실(VR)	증강현실(AR)
구현방식	• 현실정보 기반 가상정보 융합	• 현실세계 차단, 디지털 환경 구현	• 현실정보 위에 가상정보 구현
장점	• 현실과 상호작용 가능 • 사실감, 몰입감 극대화 가능	• 컴퓨터 그래픽으로 입체감, 몰입감 있는 영상 구현	• 현실 세계에 그래픽 구현 형태로 현실에 도움 되는 정보
단점	• 처리할 데이터 용량이 큼 • 장비, 기술 제약	• 현실세계와는 차단돼 현실감 떨어짐 • 컴퓨터 그래픽 세계를 구현해야 함	• 시야와 정보가 분리 • 현실과 상호작용하지는 많아 현실감 떨어짐
사진			7)

[그림 8] 혼합현실, 가상현실, 증강현실 비교

---

7) [4차 산업 생생 용어] 세트장에서 우주공간 체험…혼합현실(MR)이란, 김종형, 조선비즈, 2017.08.07

나. 가상융합기술 산업[8][9]

1) 가상융합기술 산업 범위

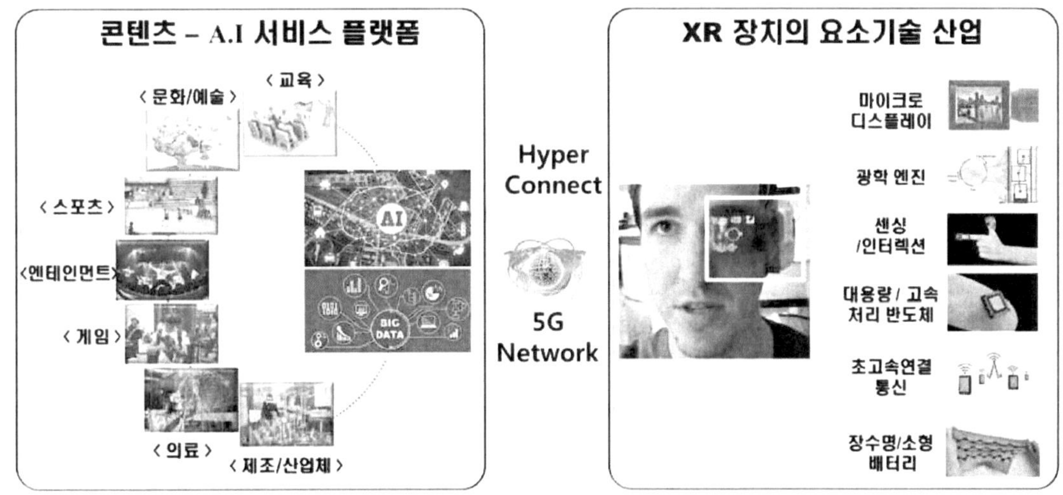

[그림 9] XR 기술의 산업 플랫폼

구분	내용
AI 기반 통합 서비스 플랫폼	다양한 산업분야에서 활용되는 모든 정보의 집산, 자가 학습 데이터 가공, 사용자 요구에 따른 지능형 정보제공이 가능한 서비스 플랫폼
초고속·초연결 ·초저 지연 인프라	다양한 대용량 정보를 통합형 기기와 실시간으로 상호연결이 가능한 초고속·초연결·초저지연 통신 소프트웨어 및 하드웨어
XR 장치 및 관련 요소 기술	가상의 정보를 실사 환경 또는 현실세계 객체에 중첩, 인체역작용 없이 실시간으로 사용자-콘텐츠 간 상호작용 및 다기능 정보 교환이 가능한 XR 기기

[표 3] XR 기술의 산업 플랫폼 구성

 최근 가상현실이 증강현실과 혼합현실을 포함한 가상융합기술(확장현실) 기술로 통용되면서 기존보다 넓은 의미의 산업으로 발전하고 있으며, 몰입감을 높여줄 수 있는 모든 분야에 응용이 가능해졌다. 확장현실은 현재 활발히 확장되고 있는 게임 시장을 비롯하여 의료, 제조/산업, 교육, 영상, 방송/광고 분야에서 폭발적인 잠재력을 가진 기술로 각광받고 있다.

---

8) XR(VR, AR·MR)용 마이크로 디스플레이 기술동향, 한국디스플레이산업협회
9) 가상융합기술(XR) 특허 동향, 주간기술동향, 2021.12.01

2) 가상융합기술 산업 특징

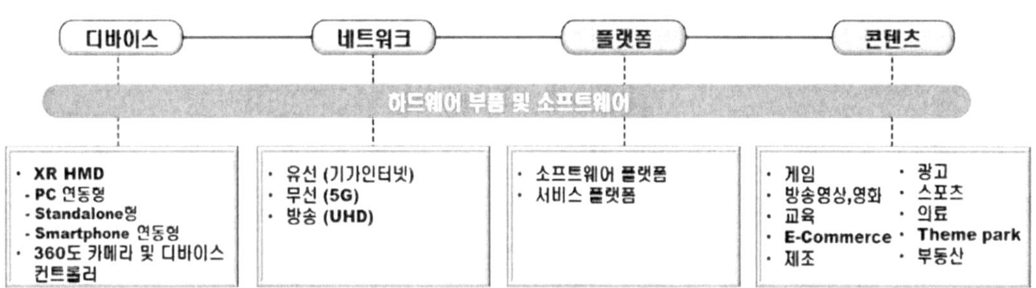

[그림 10] XR 생태계 현황

가상융합기술 산업의 생태계는 C-P-N-D(Contents - Platform - Network - Devices)를 모두 포함한다. 가상융합기술 산업은 다양한 서비스를 제공하는 플랫폼 업체를 중심으로 새로운 가치를 창출하고 있으며, 향후 모바일 시장과 유사한 패턴의 수익 모델이 등장할 것으로 예측된다.

가상융합기술(VR 및 AR/MR) 산업은 1960~1970년대 초기 몰입형 콘텐츠와 헤드마운트 디스플레이 개발을 시작으로, 최근 20년 동안 기술 개발에 큰 진전이 있었다.

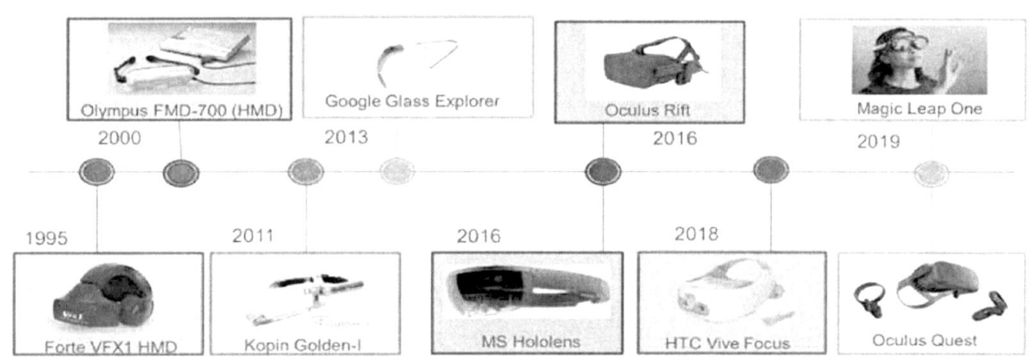

[그림 11] VR, AR/MR 제품의 개발 흐름

1990년대 초반에는 사용자가 외부장치에서 헤드셋으로 비디오를 볼 수 있는 형태로 출시되었으나 2010년 이후부터 상업적으로 주목받으면서 미국의 실리콘 밸리를 중심으로 보다 혁신적인 제품을 만들기 위한 많은 활동들이 이루어졌다. 이 과정에서 구글 글라스 프로젝트가 시작되었고, 차고에서 시작한 Oculus는 facebook에 인수되면서 20억 달러 규모의 회사로 성장하였으며, 소비자 의식에 각인될 만한 많은 회사들이 출연했다.

이후 지속적으로 대기업의 연구개발 노력도 많이 보고되었으며, 이들 중 일부는 Microsoft의 Hololens와 같은 제품으로 전환되기도 했다. 또한 새로운 제품 유형이 출시될 시기 또는 출시 여부에 대한 지속적인 추측과 함께 기대를 받고 있다.

2019년에는 Magic leap가 수년간의 자금지원을 받은 후 첫 번째 혼합현실 제품을 출시했다. 또한 Oculus는 컴퓨터에 연결할 필요가 없는 독립형(Standalone) 가상현실 헤드셋인 Quest 를 출시하여 가상현실을 컴퓨터에 연결할 필요가 없음을 입증했다.

이외에 Goerteck, Baidu, Pico 등과 같은 중국 업체들, SONY, Hitachi 등을 포함한 일본 기업들, SKT, KT와 같은 한국 기업들이 가상융합기술 분야 경쟁에 참여함으로써 전 세계적으로 관심을 받고 있는 산업 분야 중 하나로 가상융합기술 분야가 떠오르고 있다.

요소	분석 결과
산업 내 경쟁수준	가상융합기술 시장 견인은 VR에서 AR로 옮겨지는 추세
신규진입자 위협	초기 투자규모가 크고 전문인력이 부족하며 가격하락이 필수
공급자 교섭력	미국 4대 빅테크 FAMG(Facebook, Amazon, Microsoft, Google) 중심으로 제품차별화 진행 중
구매자 교섭력	가격이 주요 구매 요인
대체재의 위협	향후 스마트폰을 대체할 것으로 예상

[표 4] 가상융합기술 산업분석 - 5대 경쟁요소

요소	분석 결과
정부의 활동성	가상융합기술 육성 정책 수립 및 투자 중
기회요인	코로나-19 팬데믹(비대면시대)으로 인해 가상융합기술산업 성장 전망
기술개발 동향	하드웨어, 소프트웨어 모두 활발한 기술개발 중
관련 산업의 존재	DNA(Data, Network, AI) 발전으로 가상융합기술 동반 성장 가능
국가 경쟁력 요소	현재의 미국주도에서 2024년 이후 APEC 주도로 전환 예상

[표 5] 가상융합기술 산업분석 - 5대 환경요소

다. 관련 기술

1) 5G[10)]

 통신 산업은 1980년 1세대 아날로그 이동통신 서비스가 시작된 이래 10년을 주기로 진화를 거듭해오고 있으며, 2019년 4월 국내 최초 상용화를 기점으로 5세대 이동통신시대가 개막되었다. 5G 이동통신은 4G 대비 초고속, 저지연, 초연결을 제공하는 통신기술로 이를 활용하여 스마트 시티, 자율주행차, 지능형 CCTV 등 다양한 서비스 제공이 가능하다.

기능	분류	4G	5G
초고속, eMBB (enhanced Mobile BroadBand)	최대 전송속도	1 Gbps	20 Gbps
저지연, URLLC (Ultra-Reliable and Low Latency Communications)	전송지연	10 ms	1 ms
초연결, mMTC (massive Machine Type Communication)	최대 기기 연결수	$10^5/km^2$	$10^6/km^2$

[표 6] 4G vs 5G 특징 비교

 초기 5G 네트워크는 NSA(Non Stand Alone)구조를 채택하여 LTE의 연장선에서 구축되어 있어 4G 코어망(EPC, Evolved Packet Core)에 연결하고 있으나, 향후에는 5G 코어망을 설치하여 SA(Stand Alone) 구조로 진화될 계획이다.

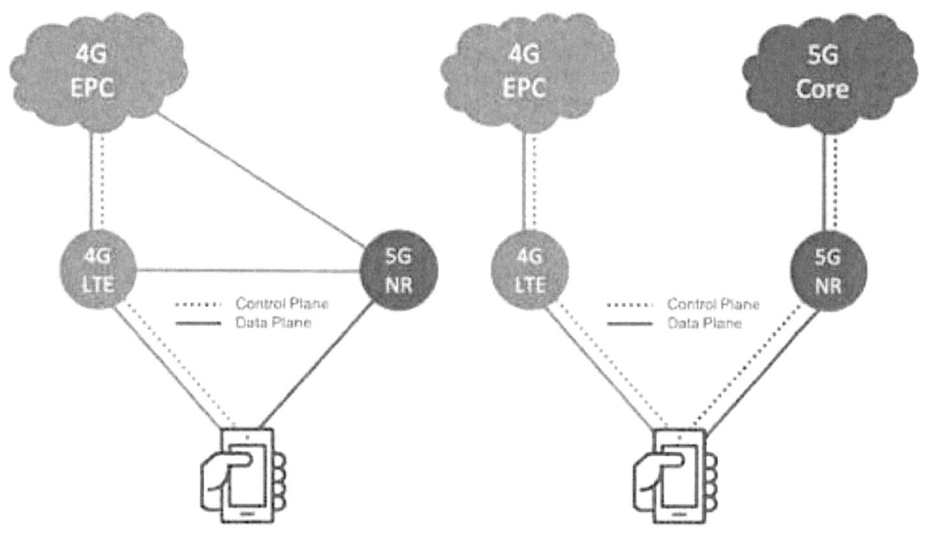

[그림 12] 자립(SA)형/비자립형(NSA)

---

10) 5G 통신망 기술, 기술동향브리프, 2019

2) 실감 미디어[11]

실감콘텐츠 기술은 세부적으로 가상현실(Virtual Reality), 증강현실(Augmented Reality), 혼합현실(Mixed Reality)등으로도 구분이 가능하며 공통적인 핵심 기술로서의 구분도 가능하다. 이와 같은 분류들은 정부기관 및 산업 분야에서 일반적으로 활용하고 있으며, ICT 생태계 측면에서 C(Contents)-P(Platform)-N(Network)-D(Device) 가치사슬을 통한 기술 분류체계 또한 가능하다.

기술 분야	정의	동향
가상 현실	현실과는 상반되는 100% 가상현실의 공간만 보여지는 것을 의미하며 실제와 같은 가상공간을 통해 몰입감을 극대화시킬 수 있음	가상현실은 현실과 유사한 가상세계를 제공하되 현실세계와는 완전히 차단되면서 외부 영향을 받지 않게 함. 이러한 경험을 통해 트라우마를 비롯하여 다양한 증상을 극복하고 완화시키는 디지털치료제로서 각광받고 있으며 기능성을 갖춘 콘텐츠로서 확장되고 있음
증강 현실	증강현실의 현실은 가상현실과 다르게 실제의 현실을 의미하며 투영된 현실 위에 부가정보가 겹쳐져 제공되는 형태를 의미함	2017년 출시된 포켓몬 GO의 공전의 히트 이후에 킬러 콘텐츠 부재로 어려움을 겪고 있지만 VR에 비해 대중화된 디바이스인 핸드폰이나 태블릿을 사용할 수 있다는 이점과 비교적 콘텐츠 제작이 용이한 이점으로 대중화에 있어서 VR에 비해 앞서가고 있음. 현재는 산업현장을 비롯하여 회의, 교육, 의료, 쇼핑 분야 등에서 폭 넓게 활용중이며 조만간 가상현실 규모를 능가할 것으로 예측됨
혼합 현실	혼합현실에서 현실은 실제현실과 가상현실 모두를 의미함. AR이 현실에 부가정보를 보여주는 것이라면, MR은 현실공간에 가상의 물체를 배치하거나 현실의 물체를 인식하여 그 주변에 가상의 공간을 구성하는 것	MR은 VR, AR 콘텐츠와 기술의 특성을 모두 보여주고 있지만 VR·AR에 비해 콘텐츠적으로 정확하게 의미나 기술을 대표할 사례를 찾기가 쉽지는 않고 대부분 AR과 많이 혼용해서 사용하는 편이었음. 이후 마이크로소프트사의 홀로렌즈가 출시되면서 관련 기술과 콘텐츠 제작에도 활기를 띄기 시작하였음

[표 7] 가상현실, 증강현실, 혼합현실 기술

가상현실 기술의 특성은 실제환경과 가상환경을 완벽하게 차단한 상태를 유지하여 몰입 환경을 제공하는 것과 가상환경을 실제와 같이 고품질로 생성하는 측면에 있으며, 증강현실 기술은 실제 환경에 가상의 캐릭터나 객체를 정합시켜야 하는 문제로 위치기반의 트래킹 및 합성 측면에 기술적 특성이 있다. 혼합현실은 가상현실과 증강현실 기술 등이 혼합된 결과물로서, 증강현실처럼 실제환경과 가상 객체들의 위치적인 정합 측면뿐만 아니라 시각적인 정합측면을 고려하여 실재감과 몰입감을 높일 수 있는 기술적 특성을 갖고 있다.

---

11) 언택트시대, 실감콘텐츠 기술의 지향점, 정보통신기획평가원, 2020.11.11

기술 분야	정의	동향
디스플레이	HMD나 핸드폰 화면과 같이 VR·AR 콘텐츠에 있어서 사용자가 시각적으로 몰입할 수 있는 경험을 제공하는 기술	사용자의 몰입감을 높이기 위한 디스플레이의 핵심 기술 요인으로 시야각, 해상도, 재생빈도 등이 있음
트래킹	콘텐츠에서 사용자의 동작과 같은 생체 데이터를 실시간으로 추적하는 기술	VR·AR분야에서 연구 개발된 트래킹 기술은 대부분 센서, 비전, 또는 이 둘을 융합한 하이브리드 추적 기술로 구성됨
렌더링	고화질의 3D콘텐츠를 구현하고 사실적인 처리를 위한 컴퓨터그래픽 소프트웨어 기술	사용자에게 VR·AR 콘텐츠를 실시간으로 제공하기 위한 기술로서 지연시간을 20ms 이하로 단축시키기 위한 연구 개발이 진행
인터랙션, 사용자 인터페이스	컴퓨터와의 원활한 상호작용을 통해 콘텐츠를 인지, 조작, 그리고 정보 입력 등을 가능하게 하는 기술	키보드나 마우스와 같은 간접입력 장치를 사용하지 않고 음성이나 동작 등 자연스러운 사용자 조작환경인 NUI/X(Natural user Interface/Experience) 기술이 대두되고 있으며 직접적으로 사용자가 접하는 기술이므로 오감기술 등과 연계하여 실감콘텐츠 이용에 최적화된 UI 개발이 활발하게 진행되고 있음

[표 8] 가상현실, 증강현실, 혼합현실 기술

 가상현실, 증강현실, 혼합현실의 공통적인 실감콘텐츠 기술은 크게 디스플레이, 트래킹, 렌더링, 인터랙션 및 사용자 인터페이스로 구분할 수 있다. 디스플레이는 실제로 콘텐츠가 구현되는 HMD, AR글래스, 핸드폰, 태블릿 등에서 가상현실·증강현실 콘텐츠에 사용자가 시각적으로 몰입할 수 있는 경험을 제공하는 기술이며, 트래킹은 콘텐츠에서 사용자의 생체 데이터를 실시간으로 추적하는 기술로서 일반적으로는 모션 트래킹으로 많이 알려져 있다.

 렌더링은 고화질의 3D 콘텐츠를 위해 사실적인 처리 과정을 구현하기 위한 컴퓨터그래픽 소프트웨어 기술이며, 인터랙션 및 사용자 인터페이스는 컴퓨터와의 원활한 커뮤니케이션을 통해 콘텐츠를 인지, 조작, 그리고 정보 입력 등이 가능하게 하는 기술이다. 이외에도 콘텐츠 제작에 있어서 다수의 카메라를 통해 동영상을 캡처하여 360° 모든 방향에서 콘텐츠 구현이 가능한 볼륨메트릭 캡처(Volumetric Capture) 기술과 자연스러운 현실세계 의 빛 재현이 가능한 플렌옵틱(Plenoptic) 영상처리 기술 등이 있다. 이는 고품질의 실감콘텐츠를 신속하게 제작할 수 있는 환경이 마련되었다는 측면에서 실감콘텐츠의 대중화에 한 층 더 다가갈 수 있는 의미를 가지고 있다고 할 수 있다. 실감콘텐츠의 특성을 잘 나타낼 수 있는 오감기술은 시각, 청각, 촉각과 같은 인간의 다양한 감각기관을 활용하여 정보를 전달하고 느낌을 재현하는 기술을 의미하는데 촉각을 재현하는 기술은 의료와 같이 섬세한 작업을 요하는 현장이나 교육, 엔터테인먼트 분야와 같이 흥미와 함께 사실적인 정보전달을 필요로 하는 상황 등에 폭 넓게 활용할 수 있으며, 지금과 같은 언택트 시대에 가상환경에서의 실재감과 몰입감을 극대화시키는 매우 중요한 기술로 부각되고 있다.

3) 메타버스[12][13]

메타버스란 현실의 나를 대리하는 아바타를 통해 일상 활동과 경제생활을 영위하는 3D 기반의 가상세계 이다. 여기서의 일상 활동과 경제생활은 현실과 분리된 것이 아닌, 현실의 연장선상에서 일어나는 행위가 포함된다. 즉, 메타버스란 현실 세계가 가상공간과 결합하여 마치 현실이 가상공간으로 확장된 것을 의미한다.

메타버스는 현실과 가상이 합쳐진 초월을 의미하는 메타(meta-)와 세계를 뜻하는(-verse)의 합성어로서 1992년 출간된 소설 '스노 크래시' 속 가상세계 명칭인 '메타버스'에서 유래했다. 작가에 따르면 '스노 크래시' 속에서 메타버스는 가상세계의 대체어로, 컴퓨터 기술을 통해 3차원으로 구현한 상상의 공간을 의미한다.

이렇게 등장한 메타버스는 미국 기반의 가속연구재단(ASF; Acceleration Studies Foundation)에서 2007년 발표한 '메타버스 로드맵'을 통해 개념적으로 발전하게 된다. 가속연구재단은 '메타버스 로드맵'에서 메타버스의 대안적 개념을 제시했다. 가속연구재단은 메타버스를 현실세계의 대안 또는 반대로 보이는 이분법적 접근에서 벗어나, 현실세계와 가상세계의 교차점(junction)·결합(nexus)·수렴(convergence)로 이해할 것을 제안했다. 이 개념적 발전은 가상 환경의 구현과 이용에 있어서 사물·기기, 행위자, 인터페이스, 네트워크 등 현실세계의 요소들이 필수적으로 수반되는것에 따른다.

기능, 진화, 기술 관점에서 메타버스를 다시한번 살펴보면 다음과 같다.

① 기능 관점
기증 관점에서 바라본 메타버스는 정보검색(포털), 소통(소셜 네트워킹 서비스), 유희(게임) 기능과 요소를 모두 통합한 인터넷이라 할 수 있다. 또한 기능 관점의 메타버스는 기능을 통합하고 3D기반으로 혁신했다는 측면에서 새로운 플랫폼 서비스로 인식되기도 한다.

② 진화 관점
진화 관점에서는 코로나19의 확산, 5G 보급, 가상융합기술(XR)의 진보가 맞물리면서 '기존의 인터넷이 3D 기반으로 진일보한 새로운 인터넷'으로 메타버스를 규정할 수 있다.

③ 기술 관점
기술 관점에서 바라본 메타버스는 가상세계를 완전히 또는 부분적으로 구현할 수 있는 기술과 개념의 복합체이다.

---

12) 메타버스의 개념과 발전 방향, 정보처리학회, 2021.03
13) "메타버스가 다시 오고 있다" - 메타버스를 둘러싼 기술적·경제적·사회적 기회와 현안 -, NIA, 2021

라. 가상융합기술 표준14)
1) 개방형 표준
가) OpenXR

크로노스 그룹은 3차원 그래픽스, 증강, 가상현실, 컴퓨터 비전, 기계학습 병렬처리 등의 첨단 분야의 개방형 표준을 제정하기 위해 약 140개 이상의 하드웨어 및 소프트웨어 관련 기관, 기업들이 결성한 산업체 컨소시엄으로 다양한 표준들을 제정하고 있다. 크로노스 그룹에서 제정한 대표적인 표준에는 Vulkan, OpenGL, WebGL, OpenCL, OpenVX, NNEF, COLLADA, glTF 등이 있다.

2019년 7월 LA에서 열리는 SIGGraph 2019 행사에서 크로노스 그룹은 OpenXR 1.0을 Web 환경에서의 가상 증강현실 표준으로 최종 인준하고, 이를 공개한다고 선포하였다. 더불어 OpenXR과 함께 사용할 수 있는 제품들을 공개하고, 가상 증강현실 생태계를 구성하는 다양한 개발 툴에 대한 내용들도 발표하였다.

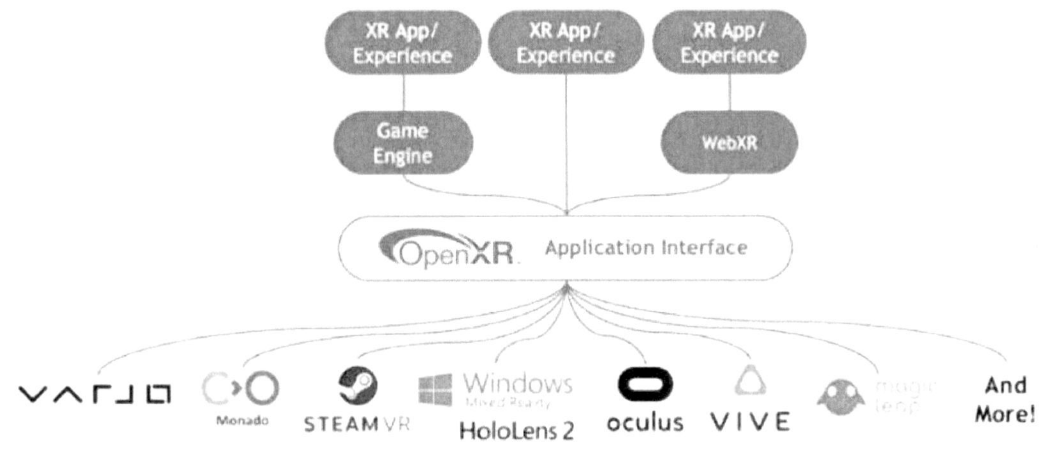

[그림 13] OpenXR 표준 흐름도

OpenXR은 무료로 사용할 수 있는 개방형 통합 표준으로써 가상 증강현실의 구현에 필요한 빠르고 높은 성능의 필요성을 충족하고, 서로 다른 플랫폼 상에서 가상현실 및 증강현실을 통합하는 확장 현실(Extended Reality) 플랫폼과 장치들을 운용할 수 있도록 지원한다. 이를 통해 다양한 어플리케이션 및 구현 엔진들을 OpenXR API를 지원하는 모든 시스템에서 실행할 수 있다. 또한, 현재 확장현실 개발에 다양한 툴(라이브러리, 플랫폼 등)이 사용되고 있는 환경을 궁극적으로 통합할 수 있는 방법을 제시한다. OpenXR의 표준은 현재 1.0버전까지 개발되어있고, 이후 OpenXR 입력 하부 시스템 개선, 게임엔진 에디터 지원 및 로더 개선 등이 이루어지고 있다.

---

14) 가상 증강현실에서의 OpenXR과 WebXR, 방송과 미디어 제26권 1호, 2021.01

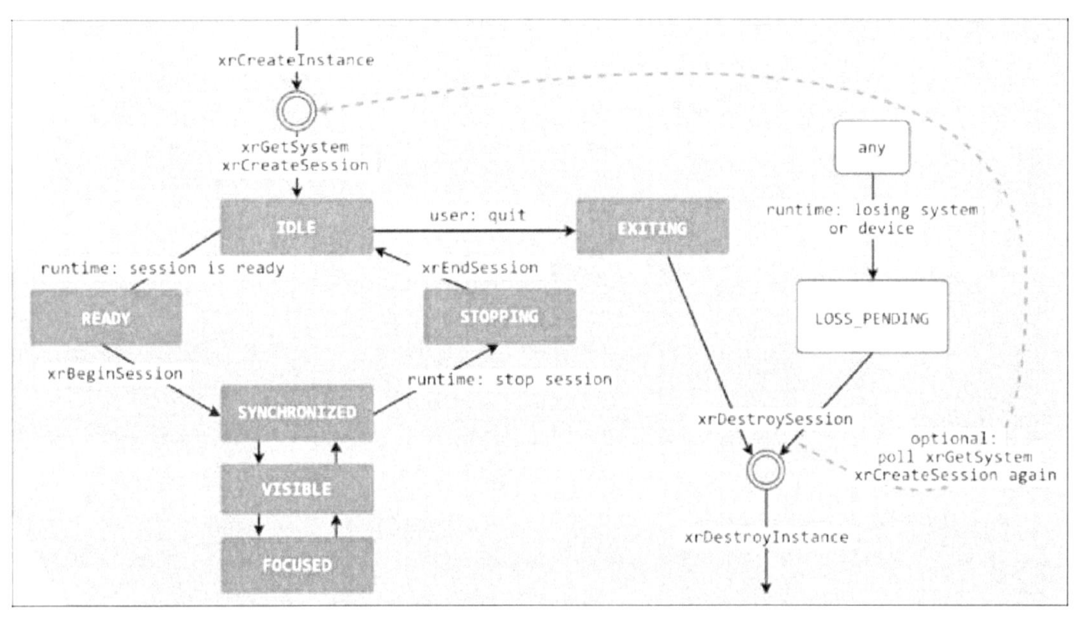

[그림 14] Open XR API lifecycle

나) Web XR

WebXR Device API는 W3C 그룹에서 2018년에 처음 공개하였으며, 최근까지도 활발하게 개발 중인 API이다. 2020년 6월에는 WebXR 앵커 모듈과 WebXR 증강현실 모듈의 최신 버전이 공개되었다. 이전에는 WebVR(가상현실용)과 WebAR(증강현실용)은 API가 별도로 개발되었으나, WebXR Device API는 웹에서 가상현실 및 증강현실을 모두 지원하고, WebXR 증강현실 모듈을 통해 증강현실에 대한 다양한 기능을 지원한다.

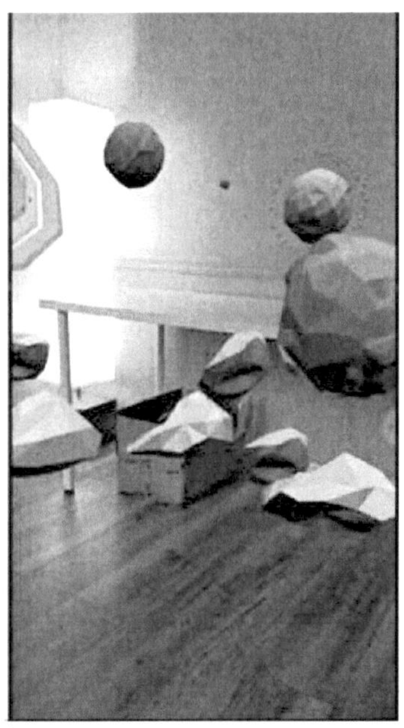

[그림 15] WebXR 활용 예시

　WebXR Device API는 웹 환경에서 확장 현실을 서비스하기 위해 개발된 API로, 출력 장치의 선택을 관리하며 선택된 장치에 적절한 프레임 속도로 3D 장면을 렌더링한다. WebXR 호환 장치에는 동작 및 방향 추적 기능이 있는 완전 몰입형 3D 헤드셋, 프레임을 통과하는 실제 장면 위에 그래픽을 오버레이 하는 안경, 카메라로 환경을 캡처하고 컴퓨터로 해당 장면을 확대하여 현실을 강화하는 스마트폰이 포함된다.

　WebXR이 크로노스 그룹에서 개발된 OpenXR SDK와 자주 비교가 되기에 이 둘의 차이점을 살펴보겠다. OpenXR은 네이티브 어플리케이션용 WebXR Device API와 동일한 기본 기능을 다루기에 WebXR과 OpenXR은 WebGL과 OpenGL의 매칭 관계를 갖는 것처럼 보인다. WebGL과 OpenGL은 모두 크로노스 그룹에서 발표 및 관리하는 오픈소스 라이브러리다. 하지만 OpenXR은 크로노스 그룹에서 발표 및 관리함에 비해, WebXR은 W3C 그룹에서 발표 및 관리한다. 서로 다른 표준 기관에서 개발 중인 별개의 API이기에 동일한 개념 중 많은 부분이 서로 다른 방식으로 표현된다. 그러나 확장 현실 서비스를 구축할 때, OpenXR을 사용하여 WebXR의 기능을 구현하는 것이 가능하다.

다) 한계점

　현재 WebXR 적용에 가장 큰 걸림돌은 브라우저 커버리지 문제일 것이다. 현재 완벽하게 지원되는 브라우저는 Android Chrome뿐으로, 다른 브라우저에서 모든 사용자를 대상으로 WebXR 콘텐츠를 서빙하기에는 어려움이 있다. 물론 Chrome의 기반이 되는 Chromium 엔진을 사용하는 브라우저는 존재한다. 그런 브라우저에 AR 기능이 서서히 추가될 것은 자명해 보이지만, Firefox나 iOS용 브라우저의 경우 WebXR Device API가 언제 추가될지 알 수 없기에 이를 하염없이 기다려야만 하는 게 현 상황이다. 반면, Android 기기의 경우에도 브라우저 버전만을 충족한다고 해서 WebXR을 사용할 수 있는 것이 아니다. Chrome의 WebXR Device API 구현의 근간이 되는 ARCore는 설치 가능한 기기가 정해져 있기 때문에 모든 기기를 대상으로 WebXR을 사용하게 하는 것은 불가능하다.

2) 주요 기술

 WebXR은 웹에서 가상 환경을 표시하거나 그래픽 이미지를 실제 환경에 추가하기 위해 설계된 하드웨어에 3D 장면 렌더링을 지원하는 데 사용되는 표준이다. WebXR 장치 API는 가상 환경을 구현하는 출력 디바이스의 선택을 관리하고, 적절한 프레임 속도로 장치에 3D 장면 렌더링, 출력을 2D 디스플레이로 미러링, 입력 컨트롤의 움직임을 나타내는 벡터 생성과 같은 주요 기능을 제공한다. 가장 기본적인 수준에서 장면은 각 눈의 위치를 계산하고 그 위치에서 장면을 렌더링 하여 사용자의 각 눈의 관점에서 렌더링 하기 위해 장면에 적용할 원근에 대한 내용을 계산하여 3D로 표현된다.

 Hit-test는 컴퓨터 그래픽 프로그래밍에서 사용자가 제어하는 커서가 화면에 그려진 특정 그래픽 개체(점, 선, 면)와 교차 여부를 결정하는 과정이다. 여기서 커서는 마우스 커서나 터치 스크린의 인터페이스 또는 터치 포인트와 같이 다양한 종류가 있다. Hit-test는 특정 포인팅 장치의 움직임 또는 활성화에 대해 수행할 수 있다. WebXR 환경에서는 기기의 카메라에서 광선을 뻗어 인식된 주변 환경과의 충돌 지점을 구한다. 이를 통해 바닥이나 벽, 천장과 같은 주변 환경을 인식하고 그 위에 3D 오브젝트를 표시하는 등의 방식으로 활용된다.

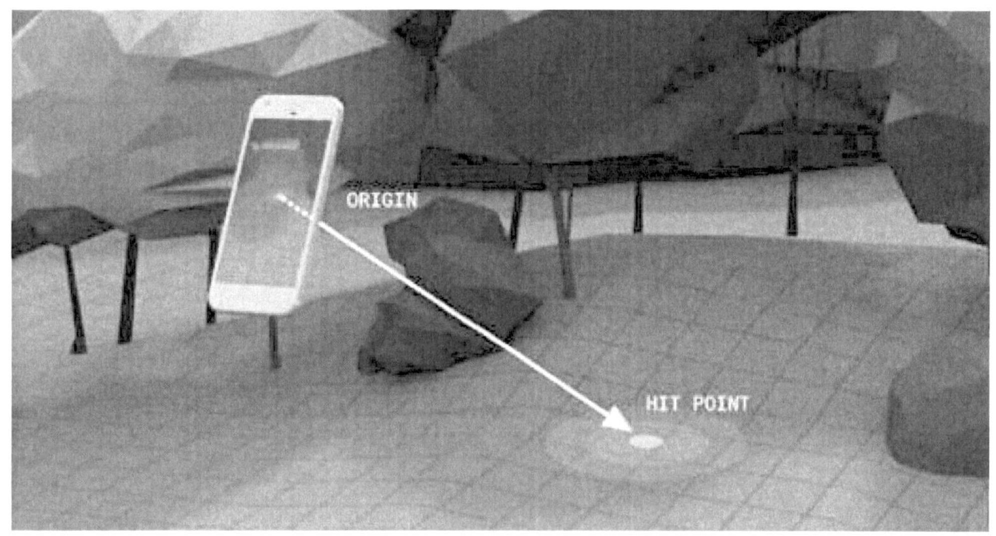

[그림 16] Hit-test 주변 인식 예시

 DOM-overlay는 WebGL 레이어 위에 DOM 엘리먼트를 렌더링 하는 기능으로, 웹 AR의 큰 장점 중의 하나이다. 이를 통해 AR 세션의 GUI를 WebGL 없이 CSS + JS 이벤트 핸들러를 이용해서 간단하게 구현하거나, CSS3의 3D transform을 이용하여 비디오나 이미지 등 다양한 엘리먼트를 실제 환경 위에 표시할 수 있다.

3) 활용 동향

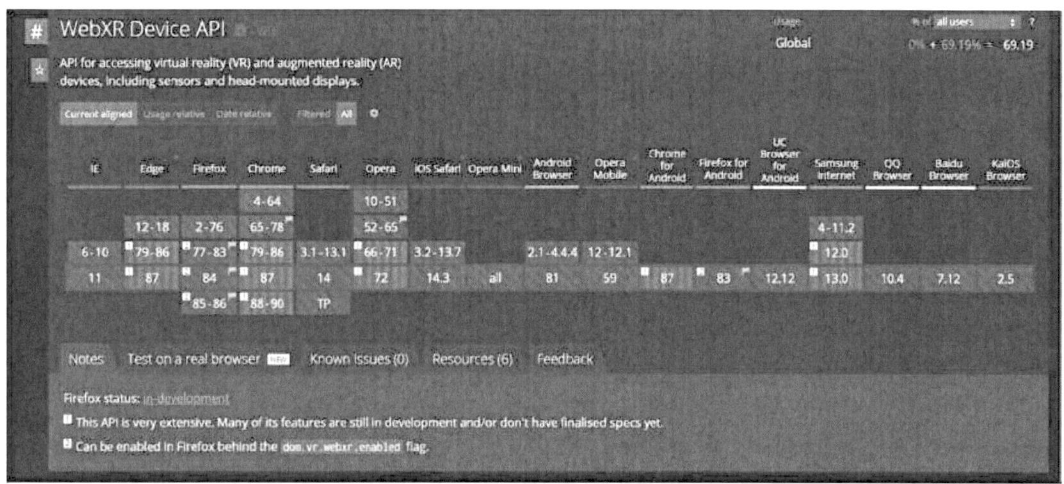

[그림 17] WebXR Device API 기기 리커버리 정보

　마이크로소프트와 페이스북은 각각 다수의 OpenXR 장치를 통해서 OpenXR이 다양한 플랫폼에서 이식성을 지원하고 있다. PC 환경의 가상현실 장치인 마이크로소프트 혼합현실(Microsoft's Windows Mixed Reality)과 오큘러스 리프트(Oculus Rift)와 같은 헤드셋, HMD 그리고 추후 발표될 OpenXR 호환 장치들에서, 윈도우 환경에서 동일한 응용을 실행할 수 있을 것이다. 이와 함께 마이크로소프트는 OpenXR-호환 홀로 렌즈 헤드셋(HoloLens 2 headset)을 위한 런타임 환경을 공개하였으며, 페이스북은 안드로이드 기반 오큘러스 퀘스트(Oculus Quest) 런타임 인증 제품을 출시하였다. 이들 제품들은 다양한 운영 체제에서도 다양한 종류의 독립형 혹은 테더링 XR 장치에서 VR 및 AR 응용의 호환성을 보여 준다.

　Valve사는 개발자 프리뷰 구현(developer preview implementation)을 SteamVR의 새로운 기능으로 발표하였다. 이를 통해 OpenVR API가 아니라 OpenXR을 통해서 SteamVR이 실행될 것으로 기대된다. 또한 Varjo사의 개발자 프리뷰 구현(developer preview implementation) 역시 유사하게 OpenXR 응용을 Varjo 헤드셋에서 사용할 수 있도록 해 준다. Collabora가 설립한 Monado 오픈소스 XR 런타임도 호환성과 기능이 향상되고 있으며 OpenXR 1.0과 호환된다. OpenXR 1.0의 인증 테스트를 마무리 지음과 동시에, OpenXR 워킹 그룹은 API 진화 과정의 하나로, 눈과 손 추적을 위한 두 개의 멀티 벤더 OpenXR 확장판을 발표하였다. 이들 새로운 확장판의 기능은 다양한 플랫폼과 벤더들을 지원하는 API를 통해 이식성을 제공하는 고급 UI 기술의 범위를 넓혀준다. 실제로 Ultraleap은 Ultraleap 추적 장치를 위한 손 추적 기술을 위한 개발자 프리뷰 OpenXR 통합을 발표하였다.

　Google은 Chrome 브라우저에서 WebXR 에뮬레이터를 통해 사용자와 개발자가 실제 XR 장치를 사용하지 않고도 데스크톱 브라우저에서 WebXR 콘텐츠를 실행하고 테스트할 수 있는 환경을 제공한다. 구글의 확장 프로그램은 아직 지원하지 않는 브라우저에서 WebXR API를 에뮬레이트하고 에뮬레이션 할 컨트롤러와 함께 XR 장치 목록을 제공한다.

Jeeliz사는 WebXR Device API 및 다양한 웹 환경에서의 API를 지원하고 비디오 피드에서 객체를 감지하고 정확한 위치를 제공할 수 있는 자바스크립트 라이브러리를 제공한다. 이를 통해 웹 개발자에게 실시간 컴퓨터 비전을 제공한다. 얼굴을 감지 및 추적하고 표정을 인식하거나 3D 개체를 감지할 수 있으며, WebGL을 사용하여 GPU에서 실행되는 딥러닝 엔진으로 구동된다. 모바일 장치의 약한 GPU에서도 실시간으로 비디오 스트림을 분석할 수 있는 프레임 워크를 개발하였다.

국내에서는 WebXR표준이 공개된 시점이 오래되지 않았기 때문에, 본격적으로 WebXR로 가상 증강현실을 구현하는 기업들을 손꼽을 수 있을 것이다. 공간의 파티 역시 2020년 WebXR을 활용하여 실내 도슨트 서비스를 구축하였고, 서울 스마트 시티센터에 이 기술을 국내 최초로 시범 적용하였다. 아직까지 WebXR의 모든 부분들이 공개된 것은 아니기에 많은 기업들이 쉽게 이용할 수 없는 부분들이 있고, 원하는 기능을 구현하기 위하여 WebXR만이 아닌 다양한 기술들을 혼합하여 사용하여야 하는 불편함도 있지만, 앱을 설치하지 않고 웹만으로 AR을 구현할 수 있는 편리함과 가상 증강현실을 위한 기본 인프라(5G)가 구축되고 있고, 증강현실에 대한 장미빛 전망 등을 고려해볼 때, 우리나라에서도 WebXR이 표준으로 자리잡는 데에는 오래 걸리지 않을 것으로 예상된다.

03

가상융합기술 시장 동향

3. 가상융합기술 시장 동향
가. 가상융합기술[15)16)17)]

2020년 3월 12일 세계보건기구(WHO)가 코로나 팬데믹을 선언한 이후 비대면 전환이 가속화되면서 가상융합기술(XR)이 우리 일상의 변화와 산업구조의 혁신을 이끌며 경제성장의 새로운 동력으로 부상 중이다.

시장조사기관 가트너는 2019년 디지털 트랜스포메이션을 위한 10대 핵심 기술 중 하나로 몰입 기술(Immersive Technology)을 선정하였으며, 2022년까지 25%의 기업이 가상융합기술을 도입하고, 70%는 가상융합기술 도입의 파일럿 단계에 있을 것으로 예측하였다.

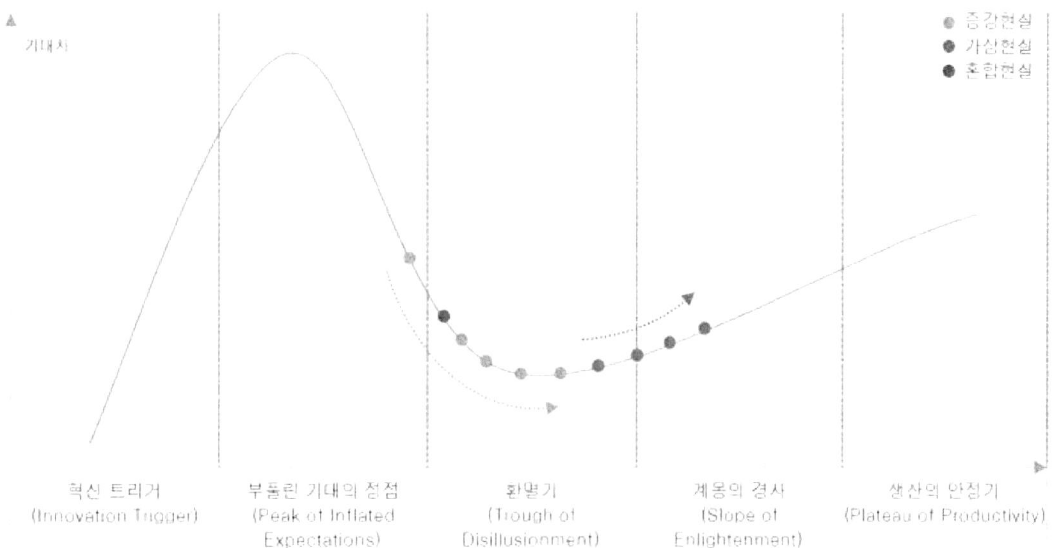

[그림 19] 가트너의 Hype Cycle

이와 더불어 여러 기관에서 가상융합기술의 시장규모에 대한 예측을 발표하였는데, Research and Markets은 전세계 VR/AR 시장이 각각 연평균 34.0%, 40.3% 성장하여 2023년에는 341억, 606억 달러가 될 것으로 전망하였고, Zion Market Research는 전 세계의 VR/AR 시장이 연평균 63.0% 성장하여 2025년에는 8,147억 달러에 이를 것으로 전망하였으며, Statista는 전 세계의 VR/AR 시장이 2023년에는 1,600억 달러에 이를 것으로 전망하였다.

P&S에 따르면 전 세계 XR 시장 규모는 연평균 약 50% 성장하여 2030년 약 1조 달러에 이를 전망이며, PwC에 따르면 XR은 2030년 기준으로 전 세계 GDP 및 일자리를 각각 1.81%, 0.93% 증대시킬것으로 예상된다.

---

15) 가상융합기술(XR) 특허 동향, 주간기술동향, 2021.12.01
16) XR(확장현실) 시대의 도래, KDB 산업은행, 2021.05.10.
17) 가상·증강현실(XR)을 활용한 교육·훈련분야 용도 분석, 정보통신산업진흥원, 2020.12.23

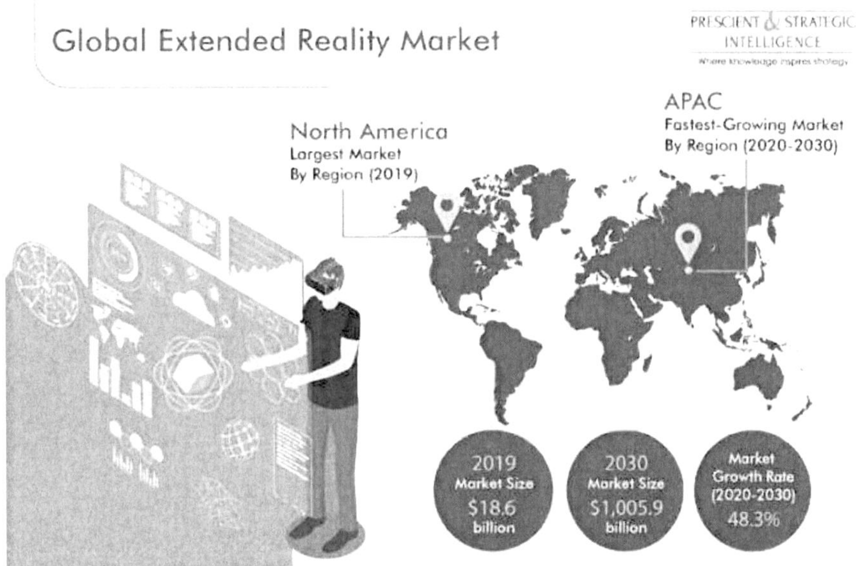

[그림 20] XR 시장 규모 전망

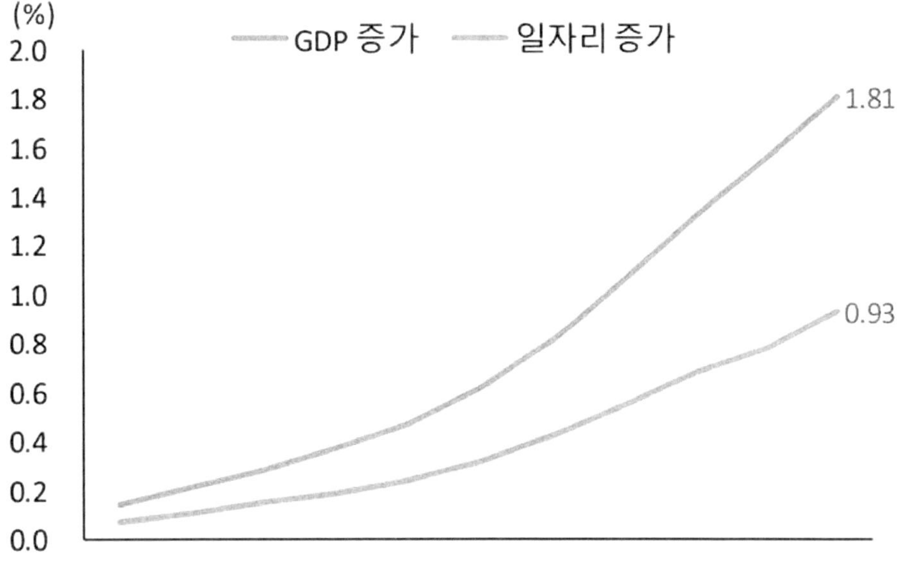

[그림 21] XR에 의한 전 세계 GDP 및 고용 증가 예상

IDC는 글로벌 XR시장 규모가 2019년 78.9억 달러(약 8.56조 원)에서 2024년 1,368억 달러 (약 150.34조 원)로 5년간 연평균 76.9% 성장할 것으로 전망했으며, PWC는 XR 연관산업시 장 규모가 XR시장의 3배 이상 증가할 것으로 예측했다. 특히 PWC는 XR 연관산업시장이 헬 스케어(24.2%), 제품·서비스 개발(23.9%), 교육훈련(19.8%), 프로세스 개선(18.5%), 유통/소매 (13.6%) 순으로 성장할 것으로 전망했다.

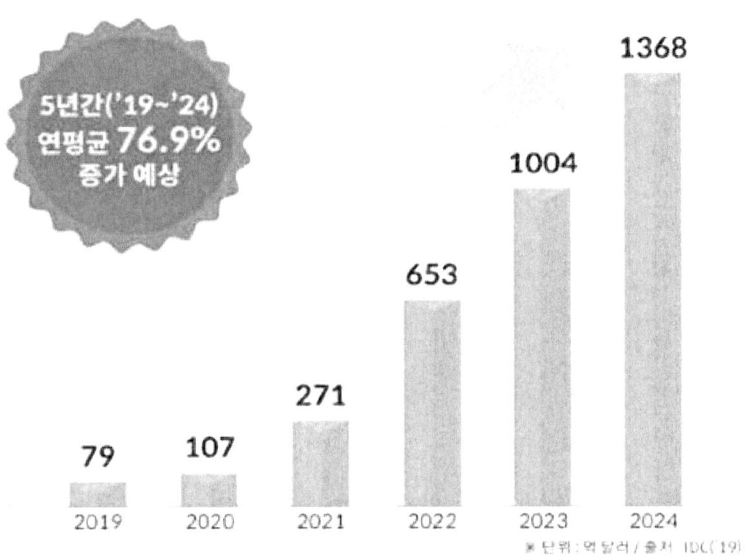

[그림 22] 세계 XR 시장 규모

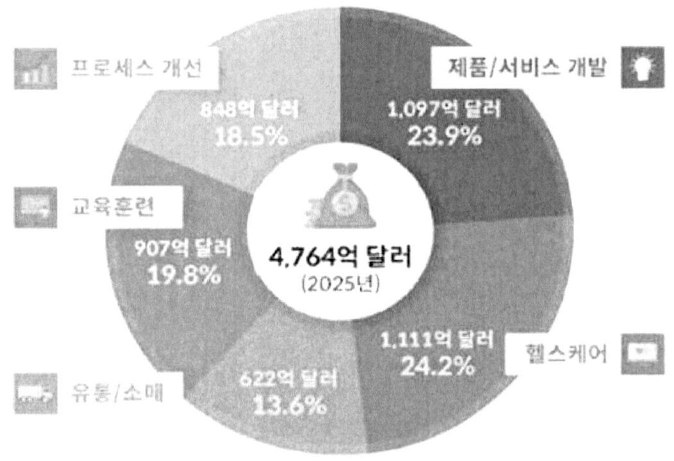

[그림 23] 세계 XR 연관산업시장 규모

또한, IDC는 글로벌 XR 산업응용시장이 2019년 90억 달러(약 9.76조 원)에서 2023년 1,210억 달러(약 131.22조 원)로 성장할 것으로 전망하였으며, 이는 2019년 유사한 규모였던 엔터테인먼트 시장과 3배 이상의 격차를 보이는 것으로 예측된다. 향후 XR융합 유망분야는 교육훈련, 제조, 쇼핑, 의료, 국방 등으로 전망된다.

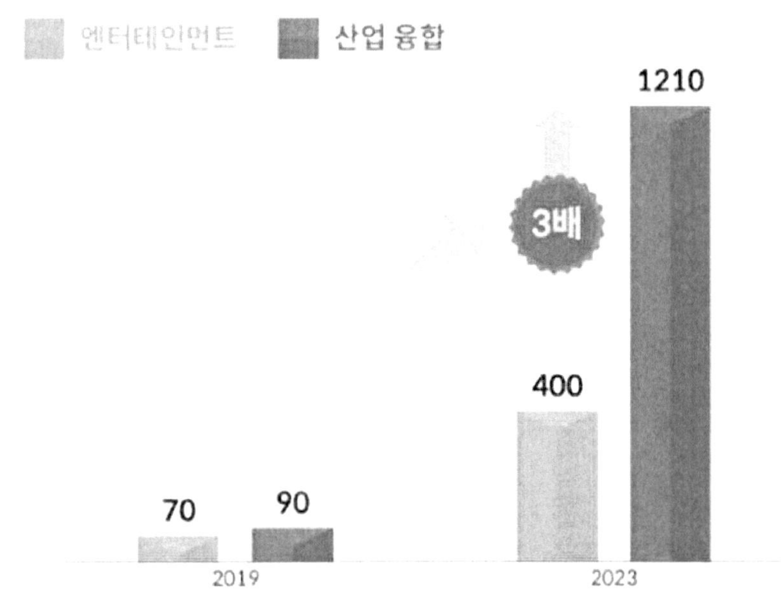

[그림 24] XR 산업응용시장 성장전망

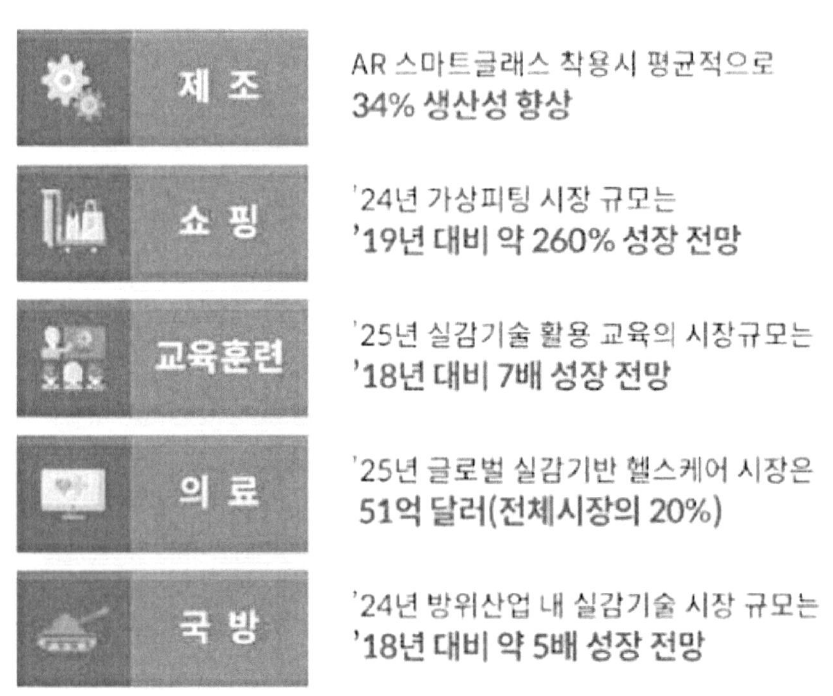

[그림 25] XR 융합 유망분야

 각 예측기관별 결과치에 많은 차이가 있는데, 이는 가상융합기술 시장의 복잡성에 기인한 것으로 보인다.

1) 디스플레이[18)]

  VR 기기는 우수한 몰입형 경험을 제공하기 위해 고해상도, 저지연, 높은 재생속도, 고대조비 및 우수한 색재연율이 요구된다. 이들의 충족은 사용자에게 몰입감 있는 완전한 가상현실 경험을 제공할 수 있다. 반면, AR 기기는 사용자가 햇빛 아래서도 볼 수 있도록 아이박스(eye-box)에 충분한 이미지를 생성해야하며, 고휘도 및 더 큰 대조비를 필요로 한다. 또한 VR과는 다르게 독립형(standalone)으로 사용되기 때문에 전력효율이 요구된다.

  VR, AR·MR은 요구조건에 따라 각각 LCD/OLED, LCoS 위주로 개발 및 발표되어 왔다. LCD와 OLED는 스마트폰 기술개발과 함께 성숙한 기술 및 시장을 보유하는 동시에 VR 기기의 요구 조건들을 상당부분 만족시키고 있다. 반면에 LCD, OLED는 밝기, 해상도, 화소밀도의 향상과 수명이 심각한 충돌 관계에 있어, 고해상도, 고화소밀도, 고휘도에서 우수한 특성을 보이는 LCoS 위주로 AR/MR이 개발되고 있다.

  IDTechEx 보고서에 따르면, AR·MR 기술은 LCoS에 의해, VR 기술은 LCD, OLED에 의해 주도적으로 성장할 것으로 예상된다. Micro LED는 LCoS 및 LCD, OLED 디스플레이가 제공할 수 없는 고휘도, 고해상도, 전력효율, 설계 유연성과 같은 많은 강점들로 인해 10년 내에 Micro LED 기반 XR 장치로의 전환이 있을 것으로 예측된다.

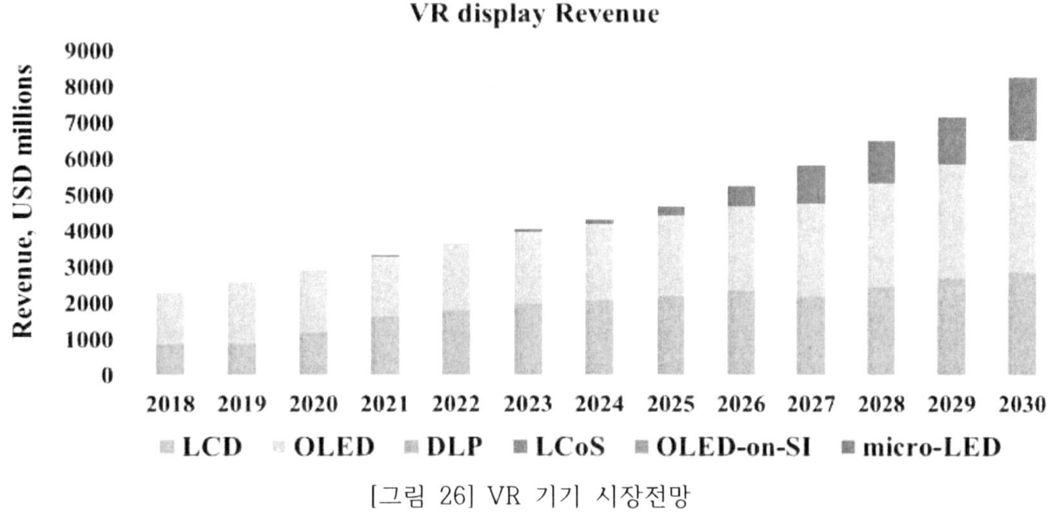

[그림 26] VR 기기 시장전망

---

18) XR(VR, AR·MR)용 마이크로 디스플레이 기술동향, 한국디스플레이산업협회

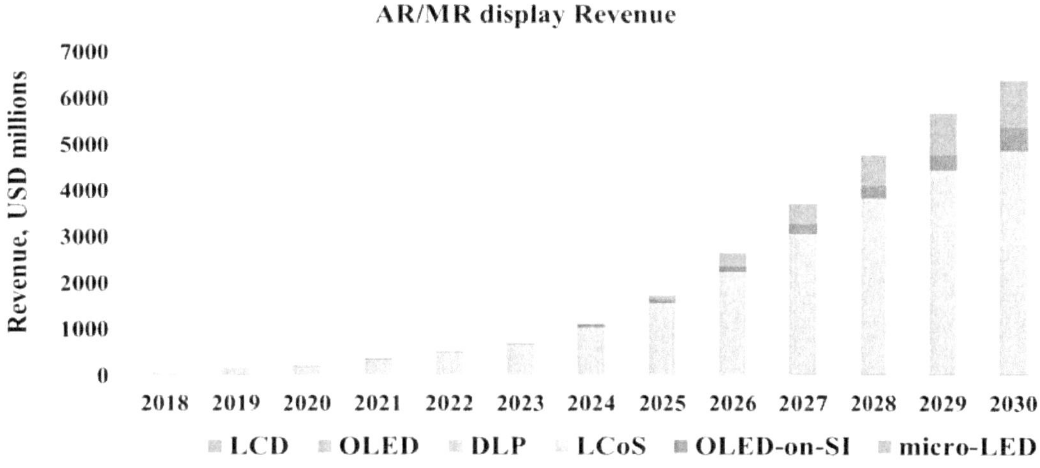

[그림 27] AR·MR 기기 시장전망

2) 광학기술[19]

광학기술은 디스플레이를 출발한 빛이 안구에 투사될 때까지 필요한 모든 광 부품들 및 이들의 조합으로 구성된 광학적 기술로서, 빛을 전달하고 통제하는 역할을 하기 때문에 눈이 인식하는 가상 이미지의 성능과 밀접한 관련이 있는 기술이다. XR 기기에서 요구되는 여러 중요한 요소들이 있는데, 이들 사이의 충돌관계가 광학기술과 연관성이 깊은 이유로 광학기술의 진보가 더욱 필요한 상황이다. 특히, 색수차, 왜곡, 밝기 등과 같은 화질 및 수렴-초점 불일치와 같은 문제가 시야각, 가상이미지 거리 조절과 같은 성능 개선과 충돌하면서 광학 기술을 어렵게 하고 있다. 또한 가상이미지 콘텐츠의 화질이나 기하학적인 특성과 밀접한 연관성을 가진 광학기술이 장치의 무게, 부피, 전력소모 등의 요구 조건과도 연관되어 문제를 더 어렵게 만들고 있는 실정이다. 그러나 한편으로는 이러한 문제점들이 광학장치에 대한 개발과 투자의 동력으로 작동하고 있다.

광학기술은 투시형인 AR·MR과 밀폐형인 VR에 따라 그 성격이 달라지며, 역사적으로 보면 AR·MR 장치는 경량화, 시야각 위주의 이슈로 인해 도파관(waveguide) 중심으로, VR에서는 가상 이미지의 확대를 위한 프레넬 렌즈(Fresenel lens)를 중심으로 발달해 왔다.

도파관은 기하학적(geometric) 도파관과 회절(diffractive) 도파관으로 구분되며, 제조상의 용이성, 소재의 안정성 측면에서 주로 기하학적 도파관을 사용해 왔으나, 최근 몇 년 동안 저가, 집적화에 유리한 플라스틱 기반의 회절 도파관이 보다 대중화가 되었고 향후 제조 능력의 향상을 통해 기하학적 도파관 보다 가격 경쟁력 및 시장성이 유리할 것으로 예상된다.

IDTechEx 보고서에 따르면, AR·MR 장치의 광학 시장은 2030년까지 광도파관 기준으로 약 100억 달러 규모가 될 것으로 전망된다. 또한, VR 장치에서는 프레즈넬 렌즈가 계속해서 광학 시장을 장악할 것으로 보이며, 게임 및 엔터프라이즈 교육을 중심으로 2030년 까지 약 50억 달러의 시장이 예상된다.

---

19) XR(VR, AR·MR)용 마이크로 디스플레이 기술동향, 한국디스플레이산업협회

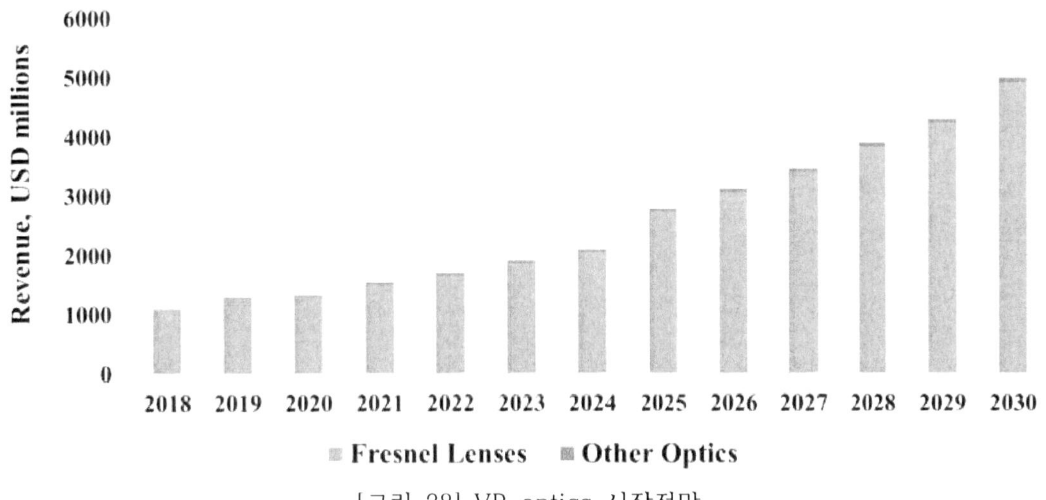

[그림 28] VR optics 시장전망

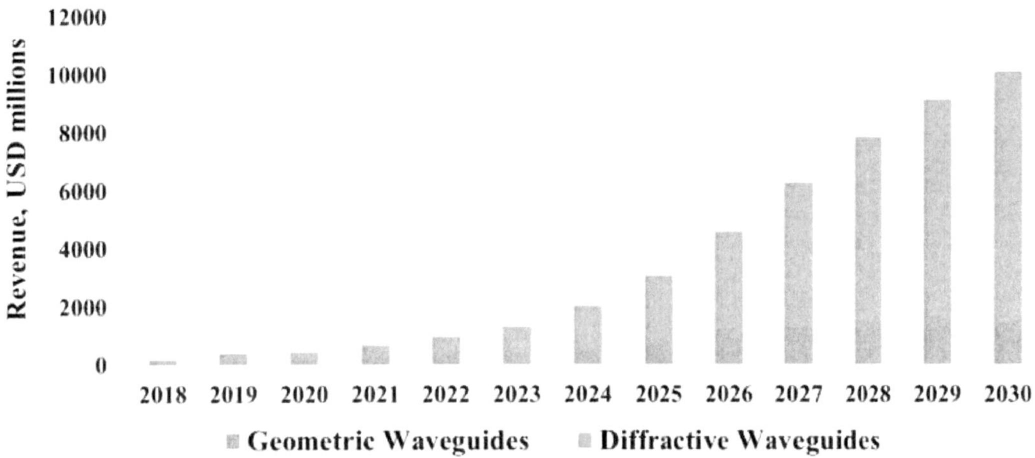

[그림 29] AR·MR optics 시장전망

나. 가상현실[20)

전 세계 가상 현실(VR) 시장은 2020년 61억 2,700만 달러에서 연평균 성장률 27.9%로 증가하여, 2025년에는 209억 3,100만 달러에 이를 것으로 전망된다.

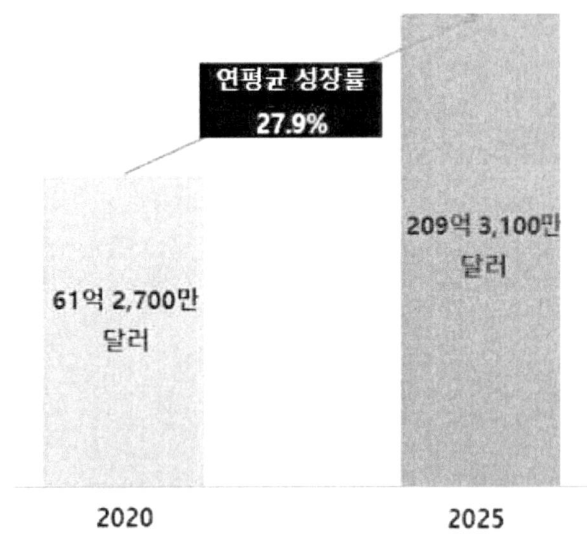

[그림 30] 글로벌 가상 현실(VR) 시장 규모 및 전망

전 세계 가상 현실(VR) 시장은 기술에 따라 반 몰입형 및 완전 몰입형, 비 몰입형으로 분류할 수 있다. 반 몰입형 및 완전 몰입형은 2020년 55억 9,600만 달러에서 연평균 성장률 29.1%로 증가하여, 2025년에는 200억 9,700만 달러에 이를 것으로 전망되며, 비 몰입형은 2020년 5억 3,000만 달러에서 연평균 성장률 9.5%로 증가하여, 2025년에는 8억 3,300만 달러에 이를 것으로 전망된다.

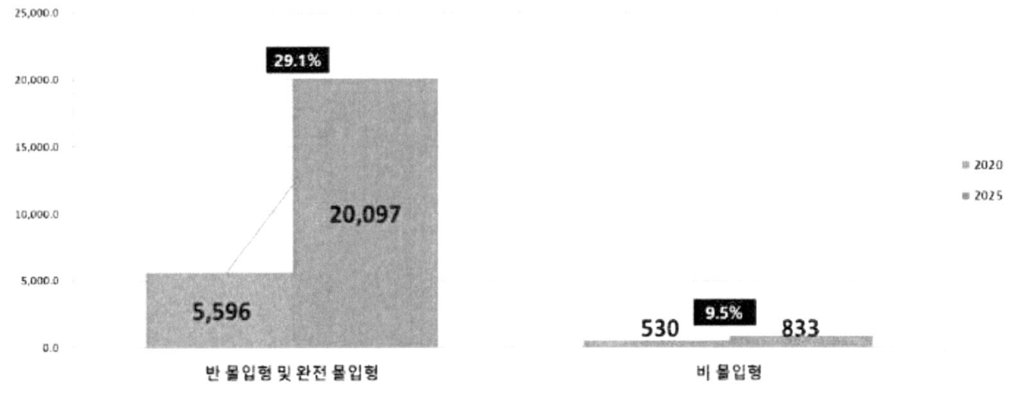

[그림 31] 글로벌 가상 현실(VR) 시장의 기술별 규모 및 전망 (단위: 백만 달러)

---

20) 가상 현실 시장, 연구개발특구진흥재단, 2021.03

전 세계 가상 현실(VR) 시장은 제공 형태에 따라 소프트웨어 및 하드웨어로 분류할 수 있다. 소프트웨어는 2020년 40억 9,400만 달러에서 연평균 성장률 22.3%로 증가하여, 2025년에는 112억 100만 달러에 이를 것으로 전망되며, 하드웨어는 2020년 20억 3,300만 달러에서 연평균 성장률 36.8%로 증가하여, 2025년에는 97억 3,000만 달러에 이를 것으로 전망된다.

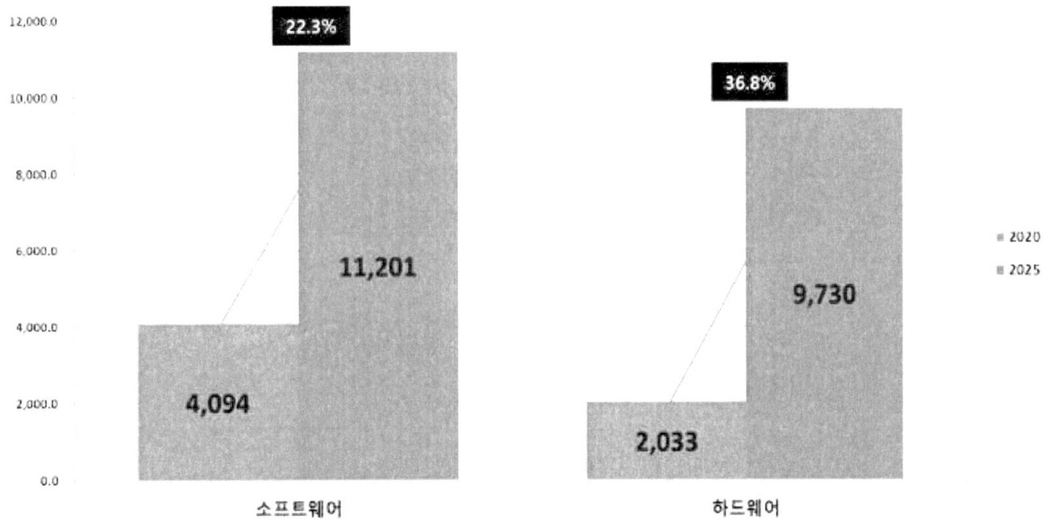

[그림 32] 글로벌 가상 현실(VR) 시장의 제공 형태별 규모 및 전망 (단위: 백만 달러)

전 세계 가상 현실(VR) 시장은 하드웨어에 따라 디스플레이 및 프로젝터, 카메라, 반도체 부품 센서, 위치 추적기, 기타로 분류할 수 있다. 디스플레이 및 프로젝터는 2020년 7억 2,100만 달러에서 연평균 성장률 38.2%로 증가하여, 2025년에는 36억 4,100만 달러에 이를 것으로 전망되며, 카메라는 2020년 4억 6,700만 달러에서 연평균 성장률 37.1%로 증가하여, 2025년에는 22억 6,400만 달러에 이를 것으로 전망된다.

반도체 부품은 2020년 3억 4,800만 달러에서 연평균 성장률 35.3%로 증가하여, 2025년에는 15억 7,300만 달러에 이를 것으로 전망되며, 센서는 2020년 3억 1,700만 달러에서 연평균 성장률 36.0%로 증가하여, 2025년에는 14억 7,500만 달러에 이를 것으로 전망된다. 위치 추적기는 2020년 1억 500만 달러에서 연평균 성장률 38.1%로 증가하여, 2025년에는 5억 3,000만 달러에 이를 것으로 전망되고, 마지막으로 기타는 2020년 7,500만 달러에서 연평균 성장률 27.2%로 증가하여, 2025년에는 2억 4,900만 달러에 이를 것으로 전망된다.

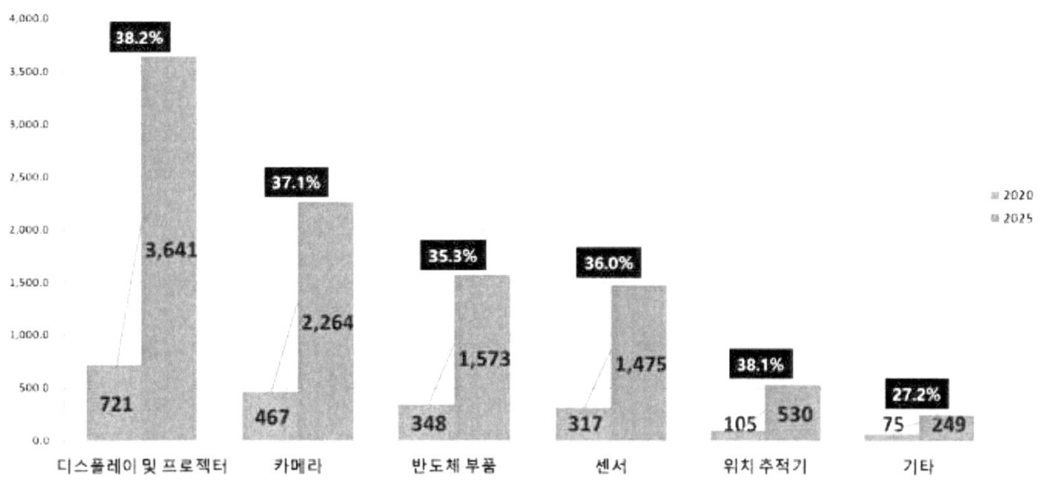

[그림 33] 글로벌 가상 현실(VR) 시장의 하드웨어별 규모 및 전망 (단위: 백만 달러)

전 세계 가상 현실(VR) 시장은 디바이스 유형에 따라 헤드 마운트 디스플레이(HMD), 프로젝터 및 디스플레이 월, 제스처 추적 디바이스로 분류할 수 있다. 헤드 마운트 디스플레이(HMD)는 2020년 14억 600만 달러에서 연평균 성장률 38.6%로 증가하여, 2025년에는 71억 9,800만 달러에 이를 것으로 전망되며, 프로젝터 및 디스플레이 월은 2020년 3억 7,200만 달러에서 연평균 성장률 23.5%로 증가하여, 2025년에는 10억 6,900만 달러에 이를 것으로 전망된다. 제스처 추적 디바이스는 2020년 2억 5,400만 달러에서 연평균 성장률 41.9%로 증가하여, 2025년에는 14억 6,200만 달러에 이를 것으로 전망된다.

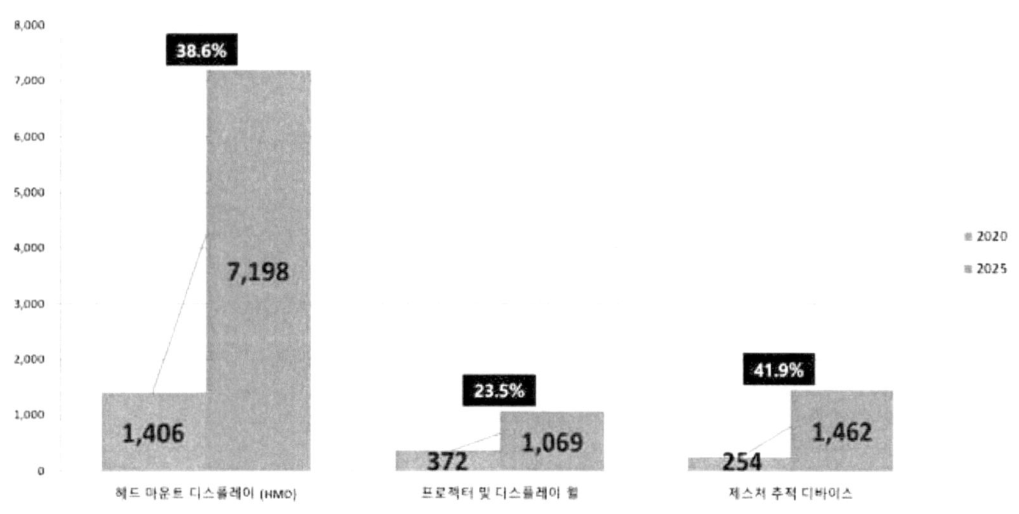

[그림 34] 글로벌 가상 현실(VR) 시장의 디바이스 유형별 규모 및 전망 (단위: 백만 달러)

전 세계 가상 현실(VR) 시장은 용도에 따라 소비자, 기업, 상업, 헬스 케어, 항공 우주 및 방위, 기타 용도로 분류할 수 있다. 소비자는 2020년 33억 4,900만 달러에서 연평균 성장률 24.2%로 증가하여, 2025년에는 98억 9,300만 달러에 이를 것으로 전망되며, 기업은 2020년 9억 5,500만 달러에서 연평균 성장률 32.5%로 증가하여, 2025년에는 38억 9,800만 달러에 이를 것으로 전망된다. 상업은 2020년 8억 8,400만 달러에서 연평균 성장률 32.2%로 증가하여, 2025년에는 35억 6,600만 달러에 이를 것으로 전망되고, 헬스 케어는 2020년 5억 2,300만 달러에서 연평균 성장률 33.3%로 증가하여, 2025년에는 21억 9,900만 달러에 이를 것으로 전망된다. 항공 우주 및 방위는 2020년 2억 1,600만 달러에서 연평균 성장률 29.8%로 증가하여, 2025년에는 7억 9,500만 달러에 이를 것으로 전망되며, 마지막으로 기타 용도는 2020년 2억 달러에서 연평균 성장률 23.7%로 증가하여, 2025년에는 5억 7,900만 달러에 이를 것으로 전망된다.

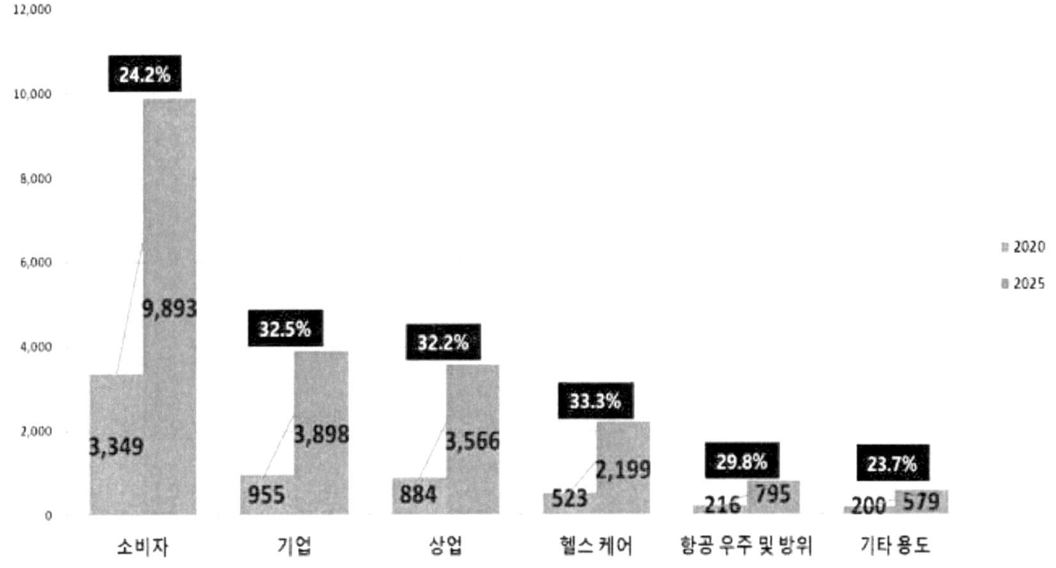

[그림 35] 글로벌 가상 현실(VR) 시장의 용도별 규모 및 전망 (단위: 백만 달러)

전 세계 가상 현실(VR) 시장은 플랫폼에 따라 PC, 모바일 기기, 콘솔로 분류할 수 있다. PC는 2016년 32억 8,000만 달러에서 연평균 성장률 48.89%로 증가하여, 2021년에는 240억 달러에 이를 것으로 전망되며, 모바일 기기는 2016년 31억 2,000만 달러에서 연평균 성장률 50.32%로 증가하여, 2021년에는 239억 5,000만 달러에 이를 것으로 전망된다. 마지막으로 콘솔은 2016년 12억 7,000만 달러에서 연평균 성장률 45.14%로 증가하여, 2021년에는 81억 8,000만 달러에 이를 것으로 전망된다.

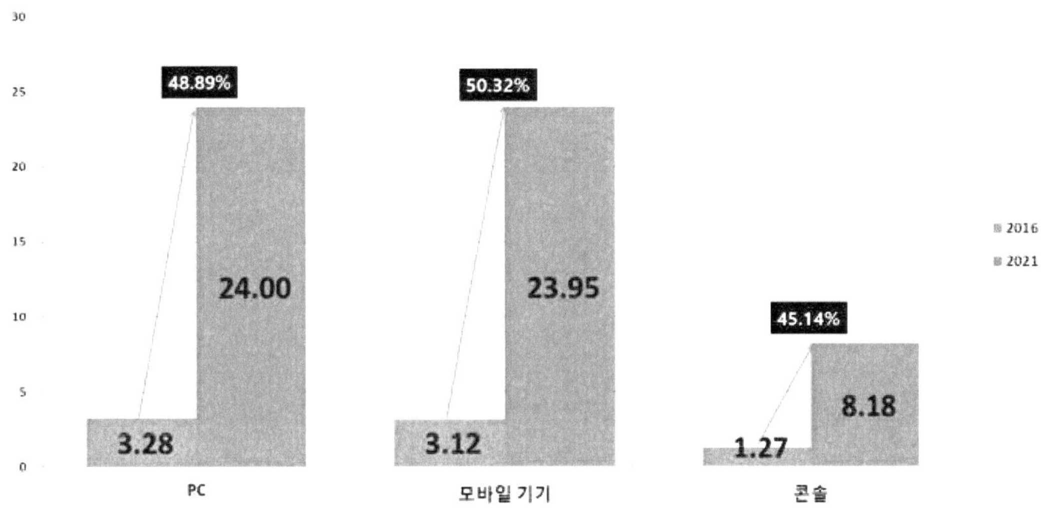

[그림 36] 글로벌 가상 현실(VR) 시장의 플랫폼별 규모 및 전망 (단위: 십억 달러)

우리나라의 가상 현실(VR) 시장은 2020년 3억 2,000만 달러에서 연평균 성장률 29.6%로 증가하여, 2025년에는 11억 7,300만 달러에 이를 것으로 전망된다.

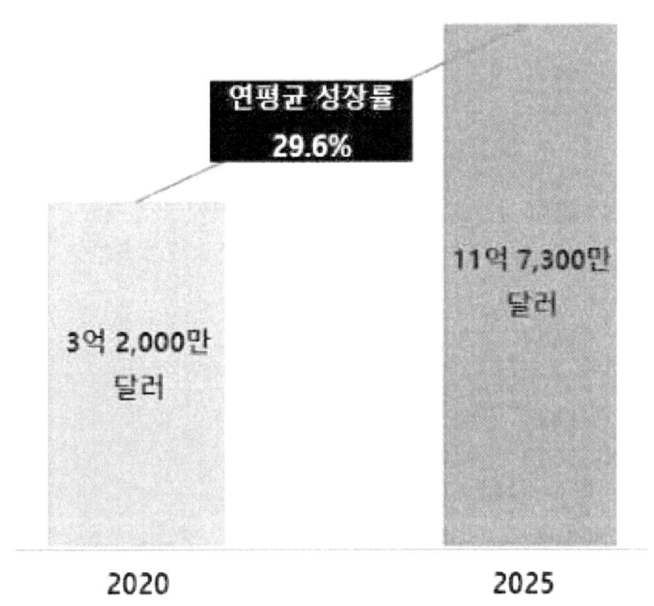

[그림 37] 우리나라의 가상 현실(VR) 시장 규모 및 전망

다. 증강현실[21]

전 세계 증강 현실(AR) 시장은 2019년 107억 달러에서 연평균 성장률 46.6%로 증가하여, 2024년에는 727억 달러에 이를 것으로 전망된다.

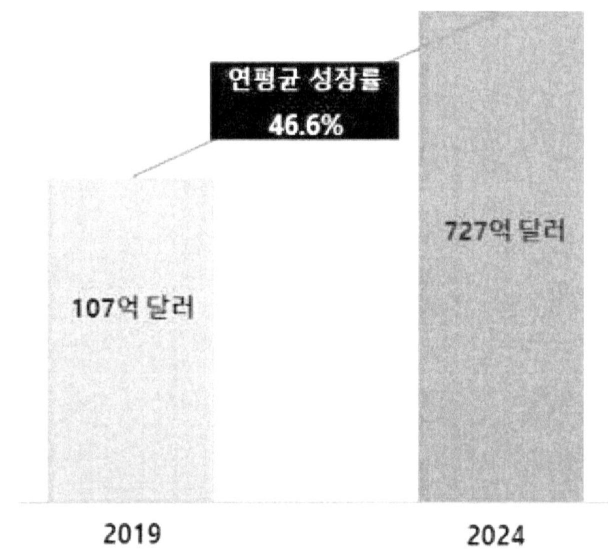

[그림 38] 글로벌 증강 현실(AR) 시장 규모 및 전망

전 세계 증강 현실(AR) 시장은 제공 방식에 따라 소프트웨어, 하드웨어로 분류할 수 있다. 소프트웨어는 2019년 98억 1,100만 달러에서 연평균 성장률 38.2%로 증가하여, 2024년에는 494억 1,400만 달러에 이를 것으로 전망되며, 하드웨어는 2019년 9억 3,800만 달러에서 연평균 성장률 90.1%로 증가하여, 2024년에는 232억 9,900만 달러에 이를 것으로 전망된다.

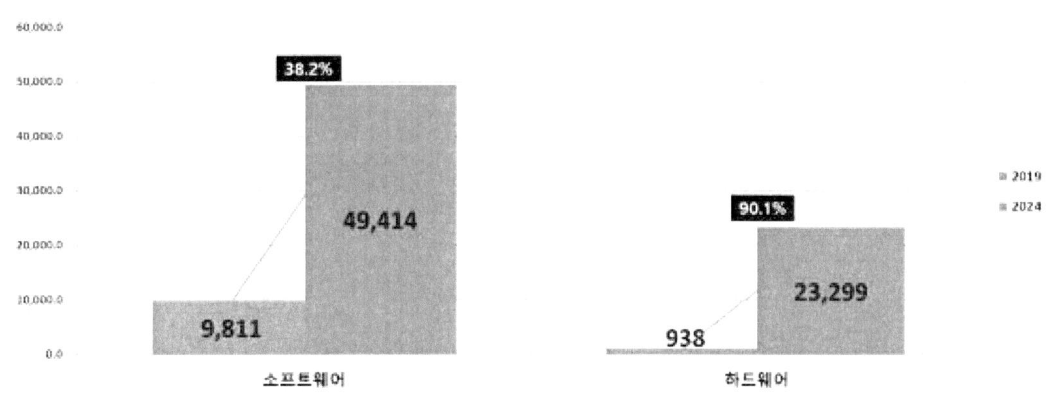

[그림 39] 글로벌 증강 현실(AR) 시장의 제공 방식별 시장 규모 및 전망 (단위: 백만 달러)

---

21) 증강 현실 시장, 연구개발특구진흥재단, 2021.03

전 세계 증강 현실(AR) 시장은 하드웨의 구성 요소에 따라 디스플레이 및 프로젝터, 카메라, 반도체 부품, 센서, 위치 추적기, 기타로 분류할 수 있다. 디스플레이 및 프로젝터는 2019년 3억 2,600만 달러에서 연평균 성장률 91.4%로 증가하여, 2024년에는 83억 8,800만 달러에 이를 것으로 전망되며, 카메라는 2019년 2억 1,400만 달러에서 연평균 성장률 90.4%로 증가하여, 2024년에는 53억 5,900만 달러에 이를 것으로 전망된다. 반도체 부품은 2019년 1억 6,100만 달러에서 연평균 성장률 87.4%로 증가하여, 2024년에는 37억 2,800만 달러에 이를 것으로 전망되고, 센서는 2019년 1억 4,600만 달러에서 연평균 성장률 88.6%로 증가하여, 2024년에는 34억 9,500만 달러에 이를 것으로 전망된다. 위치 추적기는 2019년 4,800만 달러에서 연평균 성장률 91.0%로 증가하여, 2024년에는 12억 1,200만 달러에 이를 것으로 전망되며, 마지막으로 기타는 2019년 4,200만 달러에서 연평균 성장률 92.9%로 증가하여, 2024년에는 11억 1,800만 달러에 이를 것으로 전망된다.

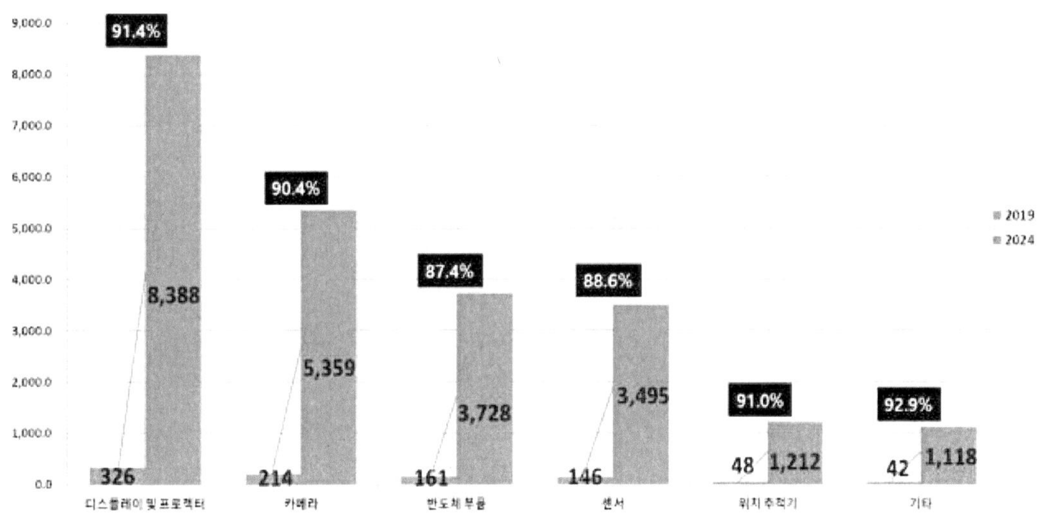

[그림 40] 글로벌 증강 현실(AR) 시장의 하드웨어 구성 요소별 시장 규모 및 전망
(단위: 백만 달러)

전 세계 증강 현실(AR) 시장은 디바이스 타입에 따라 헤드 마운트 디스플레이(HMD), 헤드업 디스플레이(HUD)로 분류할 수 있다. 헤드 마운트 디스플레이(HMD)는 2019년 9억 달러에서 연평균 성장률 89.8%로 증가하여, 2024년에는 221억 7,900만 달러에 이를 것으로 전망되며, 헤드업 디스플레이(HUD)는 2019년 3,700만 달러에서 연평균 성장률 97.4%로 증가하여, 2024년에는 11억 2,000만 달러에 이를 것으로 전망된다.

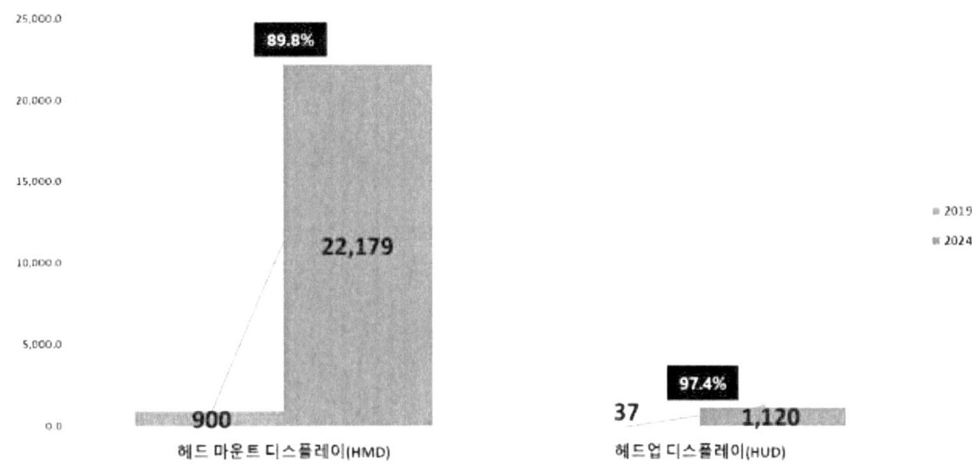

[그림 41] 글로벌 증강 현실(AR) 시장의 디바이스 타입별 시장 규모 및 전망
(단위: 백만 달러)

　전 세계 증강 현실(AR) 시장은 용도에 따라 엔터프라이즈, 소매, 헬스 케어, 미디어 및 엔터테인먼트, 교육, 기타 용도로 분류할 수 있다. 엔터프라이즈는 2019년 76억 60만 달러에서 연평균 성장률 28.72%로 증가하여, 2024년에는 268억 5,729만 달러에 이를 것으로 전망되며, 소매는 2019년 45억 5,633만 달러에서 연평균 성장률 30.06%로 증가하여, 2024년에는 169억 5,715만 달러에 이를 것으로 전망된다. 헬스 케어는 2019년 43억 3,493만 달러에서 연평균 성장률 25.06%로 증가하여, 2024년에는 132억 5,993만 달러에 이를 것으로 전망되고, 미디어 및 엔터테인먼트는 2019년 38억 6,446만 달러에서 연평균 성장률 32.35%로 증가하여, 2024년에는 156억 9,146만 달러에 이를 것으로 전망된다. 교육은 2019년 27억 3,481만 달러에서 연평균 성장률 22.06%로 증가하여, 2024년에는 74억 842만 달러에 이를 것으로 전망되고, 마지막으로 기타 용도는 2019년 20억 6,809만 달러에서 연평균 성장률 60.43%로 증가하여, 2024년에는 219억 7,819만 달러에 이를 것으로 전망된다.

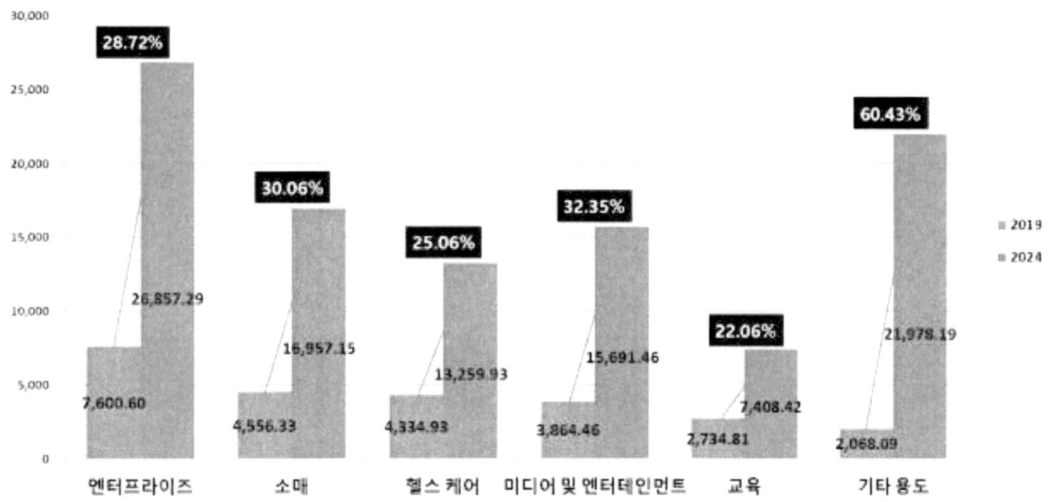

[그림 42] 글로벌 증강 현실(AR) 시장의 용도별 시장 규모 및 전망 (단위: 백만 달러)

우리나라의 증강 현실(AR) 시장은 2019년 5억 5,200만 달러에서 연평균 성장률 49.9%로 증가하여, 2024년에는 41억 7,900만 달러에 이를 것으로 전망된다.

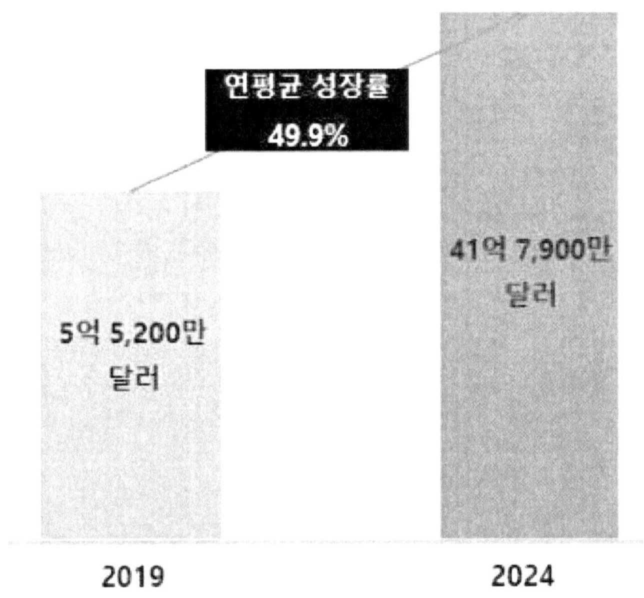

[그림 43] 우리나라의 증강 현실(AR) 시장 규모 및 전망

04

가상융합기술 기술 동향

4. 가상융합기술 기술 동향

가. 가상융합기술22)

1) 주요 요구 특성

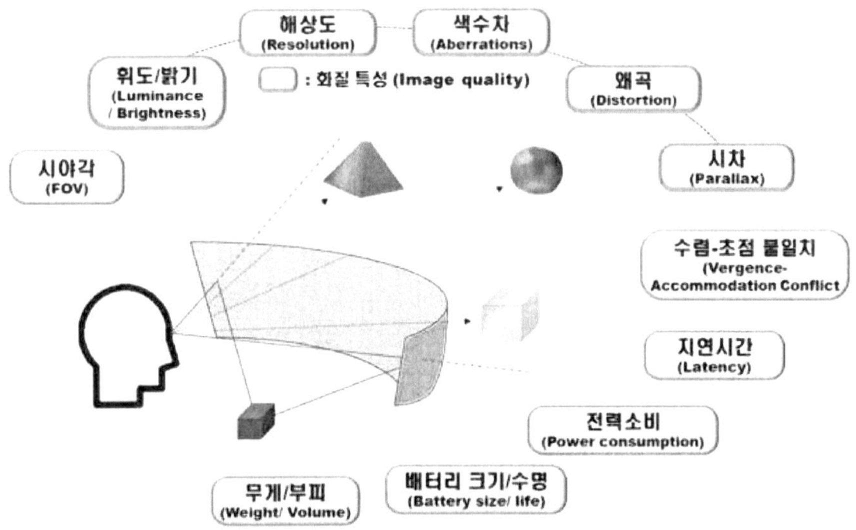

[그림 45] XR 장치에 대한 주요 요구 특성

구성 요소	핵심 성능	요소 기술
마이크로 디스플레이	픽셀밀도(해상도, 픽셀크기), 휘도(밝기), 구동속도	패널 설계 및 공정
		구동회로
광학	가상이미지의 가변 범위, 광시야각, 광효율, 왜곡, 색수차, 이미지 해상도/밝기, 컬러구현, 소형화	광학설계
		광소재/부품공정
		광집적화
반도체	데이터 저장, 신호처리/제어 능력	메모리
		비메모리(시스템 IC)
센싱/ 인터랙션	동작-음성 인식, 촉각 센싱 (카메라, 마이크로폰 /스피커 내장형 센서)	동작인식
		시선추적
		촉각
통신	통신 속도, 지연속도	초고속
		초연결
		초저지연
전원 공급	배터리 크기, 수명, 디자인 정합	소재/제조공정
		고출력/디자인 유연성

[표 9] XR 요구 특성과 관련된 주요 구성요소와 핵심 내용

---

22) XR(VR, AR·MR)용 마이크로 디스플레이 기술동향, 한국디스플레이산업협회

가) 기술적 요구사항

기술	요구사항
시야각(FOV)	AR > 60˚ VR > 100˚
휘도/밝기	> 1000 nits
해상도	60 ppd(pixel per degree)
화면 재생률(Rfresh rate)	> 120Hz
지연속도(Motion-to-Photon latency)	< 20msec

[표 10] 기술적 요구사항

① 시야각

인간의 총 시야각은 수평 200˚, 수직 130˚이다. 용도에 따라 요구되는 시야각은 다를 수 있으나, 미래의 XR은 마이크로 디스플레이와 광학 구성의 발달에 따라 더 높은 값으로 수렴할 것으로 예상된다.

② 휘도/밝기

밝기가 클수록 서로 다른 인식 깊이를 가진 객체 간의 더 높은 대조비를 얻을 수 있으며, 이는 마이크로 디스플레이와 광학 구성에 크게 의존한다.

③ 해상도

증가된 해상도는 가상 이미지를 더욱 자세히 보여줄 수 있기 때문에 AR/MR에 매우 유용하다. 인간의 눈은 약 60 ppd를 볼 수 있으므로 AR/MR 하드웨어의 경우 이 수준에 도달하면 가상이미지와 현실 이미지가 더욱 잘 혼합 될 수 있다.

④ 왜곡/색수차

사용되는 광학구조에 기인한 왜곡 및 수차로 인식 또는 방향 감각 상실이 발생할 수 있다. 광학장치의 최적화를 통해 이러한 문제를 해결 할 수 있지만, 추가적인 부피·비용 및 복잡성을 유발한다.

⑤ 투시용 광학설계 및 집적화

현실세계와 가상 이미지 콘텐츠가 중첩되는 디스플레이에서 투시용 광학설계 및 집적화는 핵심적인 기능이다. 최근에는 장치의 성능을 만족시키기 위한 복잡성이 요구되고 있다.

⑥ 화면 재생률(Rfresh rate)

높은 화면 재생률을 통해 이미지 입력의 조절속도를 빠르게 함으로서 지연시간을 줄일 수 있다.

⑦ 수렴-초점 불일치(Vergence-Accommodation Conflict or VAC)
양안의 두 동공이 바라보는 각도가 수렴하는 지점과 디스플레이의 평면에 맞춰지는 초점 사
이에 발생하는 불일치가 피로감. 어지러움을 유발시키기 때문에 제거해야 할 요소이다.

나) 주요 구성요소 및 세부기술
    (1) 마이크로 디스플레이(Micro Display)

 AR·MR 또는 VR 장치의 가장 중요한 요소 중 하나는 이미지를 투사하는 마이크로 디스플레
이로, LCD, OLED, DLP, LCoS, OLED-on-Si(Micro OLED) 및 Micro LED로 구분되며 VR,
AR·MR 장치에 다양한 마이크로 디스플레이 적용이 시도되고 있다.

 예를 들어 OLED, LCD는 VR 장치에 널리 사용되고 있으며, AR/MR 장치는 야외 등 밝은
환경에서의 활용 범위가 많기 때문에 고휘도, 우수한 해상도(화소 밀도) 구현이 가능한 LCoS
를 일반적으로 채택하고 있다.

마이크로 디스플레이 종류	LCD	OLED	LCoS	DLP	microLED	microOLED (-on-Si)
디스플레이 방식	광변조 (외부광원)	자체발광	광변조 (외부광원)	광변조 (외부광원)	자체발광	자체발광
기술 성숙도	높음	높음	높음	높음	낮음	중간~높음
해상도	중간	중간	높음	중간	-	중간
픽셀크기	낮음	낮음	높음	중간	높음	높음
최대 휘도 (밝기)	중간	낮음	높음	높음	높음	낮음
전력소비	낮음	높음	낮음	낮음	높음	높음
화질	중간~높음	높음	중간~높음	중간	-	높음
응답속도	낮음	높음	중간	낮음	-	높음
소형화	중간	낮음	중간	중간	높음	높음
생산성	높음	높음	높음	높음	낮음	중간

[표 11] 마이크로디스플레이 종류에 따른 주요 특성 비교

	장점	한계점	주요업체	적용 XR 제품
LCD	• 가장 성숙한 기술 • 프로젝터에 널리 사용	• 외부광원 필요 • 컬러필터로 인한 밝기 감소	• Epson • Kopin	Pico G2 4K (VR)
OLED	• 대조비 좋음 • 빠른 응답시간 • 높은 전력 효율 • 저잡음	• 낮은 밝기 • 재료적 문제로 휘도와 수명의 상충 관계	• Raystar optonics • Kopin	Oculus Quest (VR)
DLP	• 높은 광효율 • 고출력에서는 전력 유리 • 성숙된 산업	• 재생속도 한계 • 외부광원 사용 • Rainbow 잡음 • 픽셀크기 및 해상도 한계	• Texas • instruments	-
LCoS	• 성숙된 기술 • 빠른 스위칭 속도 • 고화소밀도/고해상도/고휘도	• 외부광원 사용 • 소비전력 높음	• Holoeye • Himax • ForthDD • Syndiant • Selcos	Hololens2 (MR)
micro OLED (-on-Si)	• 대조비 탁월 • 응답 속도 우수 • 넓은 동작 온도 범위	• 약한 휘도 • 300 nits 수준 • 재료적 문제로 휘도와 수명의 상충 관계	• SONY • eMAgin • microOLED	Varjo VR (VR)
micro LED	• 탁월한 밝기와 대조비 • 높은 전력 효율	• 복잡한 소자 구조와 높은 비용 • 가격과 수율 문제로 대량생산 어려움	• Lumiode • verLASE • Ostendo • infiniLED • micro-LED	-

[표 12] VR, AR·MR 장치에 일반적으로 적용되는 마이크로디스플레이

① LCD

LCD는 기본적으로 두 개의 유리 기판 사이에 컬러필터, 액정, TFT 층으로 구성된다. LCD는 현재 성숙한 기술로 높은 대조비와 긴 수명이 장점이다. 그러나 지속적인 백라이트 사용으로 인해 효율성이 떨어지고, 컬러필터로 인해 밝기 제한이 있으며, 픽셀크기 감소의 제한으로 소형 패널과 높은 화소밀도 디스플레이의 구현 어렵다.

② OLED

OLED는 유기물 LED로서 백라이트가 필요 없고 픽셀들이 직접 제어되고 발광하는 구조이다. OLED는 재료 특성상 산소와 수분에 취약하여 공정이슈가 있지만 LCD 보다 얇고, 형태가 변하는 특징을 가지고 있다.

또한 넓은 색 영역, 높은 대조비, 넓은 동작온도 범위, 빠른 응답시간, 높은 전력효율 등의
많은 장점을 제공한다. 그러나 재료적 속성으로 인해 수명과 픽셀 해상도, 화소밀도 증가가
심각하게 상충함으로써 성능 향상에 제약을 받고 있다.

③ DLP

DLP는 Texas Instruments의 독점 기술로서, 각 픽셀에 해당하는 Micro-mirror 어레이로
구성되고 외부광원이 필요한 프로젝션 기술이다. Micro-mirror 의 방향 조절에 의해 선명하
고, 밝고, 높은 대조비의 특성을 보이나 근본적으로 픽셀수의 제한으로 해상도 증가에 한계점
이 존재한다.

④ LCoS

LCoS는 반사막(알루미늄) 전극을 가진 CMOS 백플레인 기판과 투명한 상부전극(ITO) 사이
에 액정으로 구성된 형태로서, 전극의 전압에 의해 조절되는 액정이 입사되는 광의 진폭이나
위상을 변조시켜 이미지를 만들어내는 디스플레이다.

LCoS는 0.7 inch diagonal 크기에 4K 해상도, 6000PPI 급의 높은 화소밀도를 제공하고,
고휘도, 비교적 빠른 스위칭 속도를 가지는 장점이 있다. 그러나 효율적인 외부광원 사용과
소비전력을 낮추는 것이 여전히 과제로 남아있다.

⑤ Micro OLED(OLED-on-Si)

Micro OLED(OLED-on-Si)는 LCoS와 유사하게 CMOS 백플레인을 사용하여 OLED를 구동
하는 방식이다. 따라서 OLED의 단점인 화소 크기 및 화소밀도 측면에서 장점이 있으나 여전
히 1 inch 크기, 2K 해상도 조건에서 300nit 밝기 정도로 제한되는 상황으로, 재료에 따른
수명과 해상도, 화소밀도의 충돌관계는 큰 난제로 여겨지고 있다.

⑥ Micro LED

Micro LED는 제조력, 가격을 제외하고는 VR 및 AR·MR이 요구하는 모든 조건들을 만족시
킬 수 있는 디스플레이다. 그러나, 이러한 강점들을 배경으로 Micro LED 소자 및 전사기술에
많은 투자가 이루어졌으나 VR, AR·MR 기기에 적용하기에는 초보적 수준이다.

(2) 광학(Optics) 기술

광학기술은 디스플레이 패널을 출발한 빛이 안구에 투사될 때까지 필요한 모든 광 부품 및 이들의 조합으로 구성된 기술이다. 광학이 중요한 이유는 AR·MR 또는 VR 경험의 몰입도에 영향을 미치기 때문이다.

광학기술은 눈이 인식하는 가상이미지(디지털 콘텐츠)의 왜곡, 색수차, 시차와 같은 화질 문제, 시야각과 같은 기하학적인 특성, 수렴-초점 불일치로부터 기인한 어지러움 문제뿐만 아니라 부피·경량화와 같이 물리적인 형태 문제와도 밀접한 관련이 있으며, 문제가 발생할 경우 사용자에게 부정적인 XR 경험을 일으킨다. 특히, AR/MR 장치에서는 회절 및 기하학적 기반의 다양한 광도파관(waveguide) 또는 바이저(Visor) 기반의 광학적 컴바이너 개발이 중요하며, 이것은 AR·MR에서 요구하는 시야각, 밝기, 화질 등의 다양한 성능과 밀접한 관련성이 있다.

	기하학적 도파관 (Geometric waveguide)	표면 격자 기반 회절 도파관 (Surface relief waveguide)	부피형 격자 기반 회절 도파관 (Volumetric holographic waveguide)
구조			
적용 XR 제품	• Lumus • Kura	• Hololens2 • Magic leap • Vuzix	• Uploadvr • DigiLens • Holoptic • Sony SED-100A

[표 13] 광도파관 기반 광 컴바이너에 따른 구조 및 관련 AR·MR 제품 예시

(3) 광학구성

3차원 또는 가상이미지 거리 조절을 위한 기술로, XR의 기술적 이슈 중 하나는 사람의 눈이 얼마만큼 현실세계에서 광범위한 가상이미지 정보를 인식하는지 이고, 이 과정에서 발생하는 수렴-초점 불일치(VAC)를 해결하기 위한 노력에 초점을 맞추고 있다.

초점거리 조절방식과 이에 따른 마이크로 디스플레이 종류와 성능은 눈이 인식하는 가상 이미지의 해상도, 시야각, 밝기, 안구초점에 따른 가상 이미지 거리 조절 범위, 전력소모량, 경량화, 소형화 등의 주요 특성들을 결정하는 핵심요소다. 방식에 따라 서로 다른 구성요소, 구조 및 장단점이 존재하며, 단점은 보완하고 장점은 최대화시키려는 시도를 통해 기술 선점을 위한 경쟁이 진행되고 있다. 뿐만 아니라 보다 진보된 시스템 개발을 위해 기존방식과 이에 적용되는 하드웨어 및 소프트웨어의 경계를 넘어 융합하는 시도가 꾸준히 이어지고 있다.

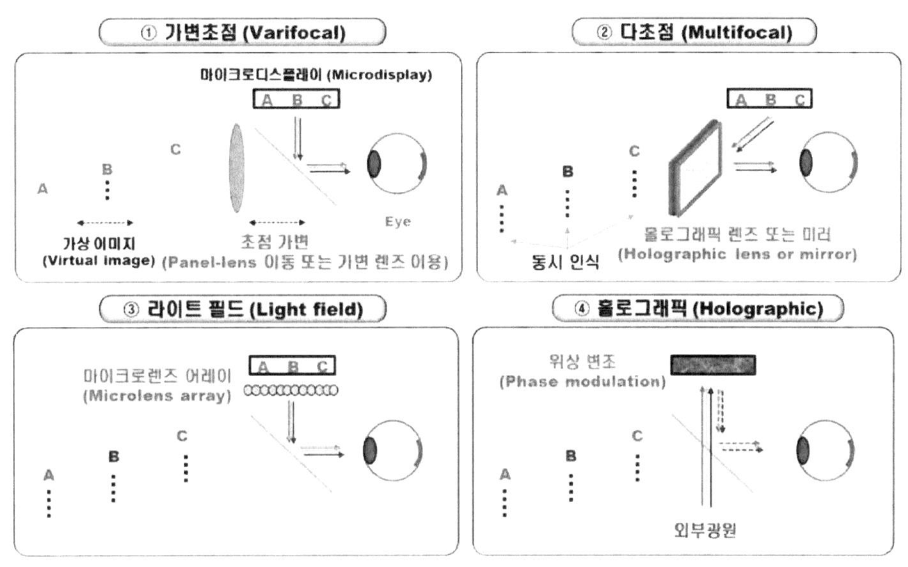

[그림 49] 가상이미지의 거리 범위 조절 방식 및 기본 광학 구성

초점거리 조절 방식	기본 원리
가변초점 (Varifocal)	• 렌즈와 디스플레이 패널 사이의 거리 조절 • 가상이미지의 단일면(single plane)만 형성(가변초점 방식 이외의 다른 모든 방법은 동시에 여러 가상면이 존재) • 단일면이 가변되는 형태 / 시선추적 장치 필수
다초점 (Multifocal)	• 홀로그래픽 렌즈(또는 이것들의 적층구조) / 시간다중분할 방법에 의해 가상이미지 깊이 조절 • 이미지가 여러면으로 분할되기 때문에 밝기 이슈 존재
라이트필드 (Light Field)	• 패널로부터 발생한 광선이 마이크로 렌즈를 통과하면서 재분포를 통해 입체영상 표시 • 마이크로렌즈 어레이와 같은 기하학적인 광부품에 크게 의존 • 초고해상도 패널 요구
홀로그래픽 (Holographic)	• 외부광원이 디스플레이 패널로 입사될 때 패널의 픽셀 위치에서 광변조를 시킴으로서 원하는 위치에 가상 이미지 생성 • 모든 중요한 깊이의 가상이미지 정보 전달 • 홀로그램 계산을 통해 광학 수차 보정 유리 • 실시간 홀로그램 데이터 생성 및 처리 속도 문제 • 디스플레이는 진폭(DLP) 또는 위상(LCoS) 광변조기로 구분(현재까지 진폭과 위상을 동시에 조절하는 광변조기는 존재하지 않음)

[표 14] 가상이미지의 초점거리 조절 방식 및 기본 광학 구성

2) 특허 동향[23)]

초기의 가상융합기술은 가상현실 출원을 기반으로 특허량이 증가해 왔으나, 최근 10년 (2010~2020) 동안에는 가상현실의 출원 증가와 함께 증강현실 및 혼합현실의 출원량이 증가하는 추세를 보이고 있다.

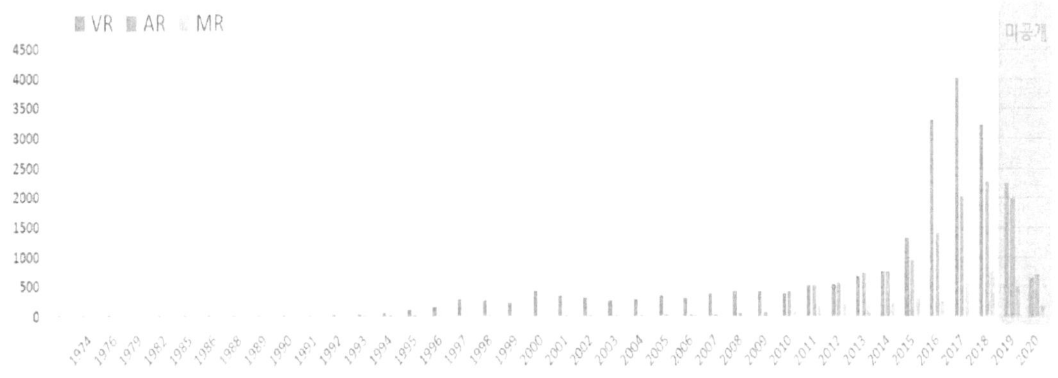

[그림 50] VR/AR/MR 기술의 글로벌 특허량 추이

최근 20년(2000~2020년) 동안을 분석해 보면, 전 세계 출원건수는 약 3.5만 건(34,582건)으로, 지속적인 증가 추세를 보이고 있고, 전 세계 등록 건수는 약 1.6만 건(15,979건)으로, 매년 신규 특허권이 꾸준히 발생되는 상황이다.

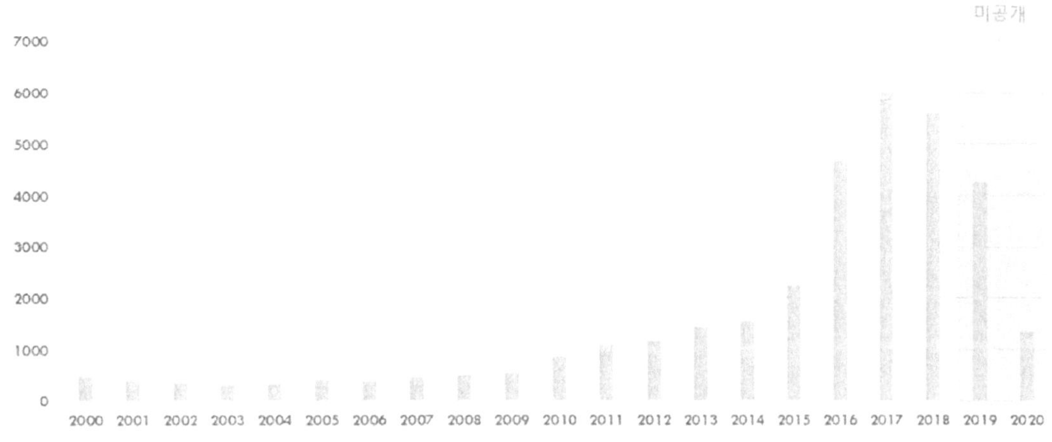

[그림 51] VR/AR/MR 기술의 글로벌 특허량 추이 - 전 세계 출원건수

---

23) 가상융합기술(XR) 특허 동향, 주간기술동향, 2021.12.01

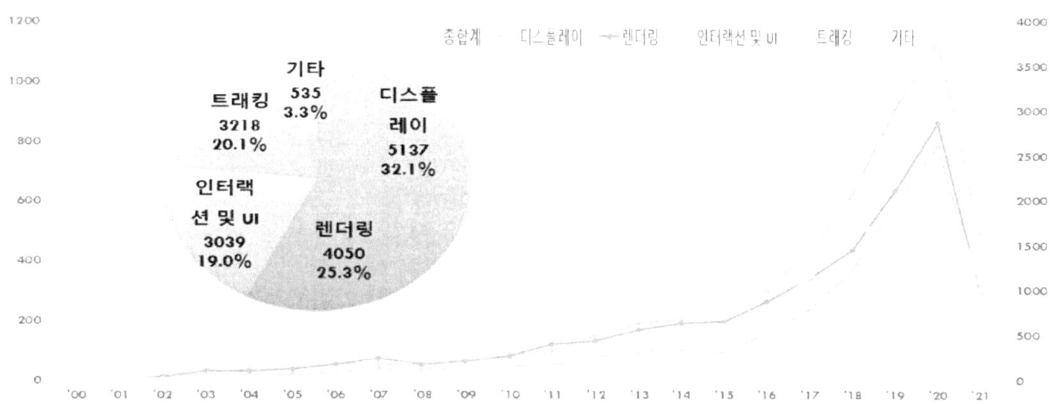

[그림 52] VR/AR/MR 기술의 글로벌 특허량 추이 - 핵심요소 기술의 전 세계 등록건수 추이

전 세계에 등록된 약 1.6만 건 중 미국에서 등록된 특허는 6,527건(약 40%)으로 글로벌 특허 기술 시장에서 미국 시장의 영향력이 가장 크다고 판단되고, 우리나라에 등록된 특허는 3,276건으로 우리나라 시장도 영향력이 상당히 크다고 판단된다.

국적	미국	한국	일본	중국	유럽 및 기타	합계
출원건수	8,992	6,795	6,949	8,611	3,235	34,582
등록건수	4,863	3,567	3,806	2,443	1,299	15,979

[표 15] 국적별 특허 출원 건수와 등록 건수

각 국 특허청	미국특허상표청 (USPTO)	한국특허청 (KIPO)	중국특허청 (CNIPA)	일본특허청 (JPO)	유럽특허청 (EPO), 그외	합계
출원건수	11,148	6,133	9,552	5,257	2,492	34,582
등록건수	6,527	3,267	2,858	2,700	627	15,979

[표 16] 각 국 특허청에 출원되고 등록된 특허 건수

전 세계에서 가장 많은 특허를 출원한 다 출원인과 가장 많이 등록된 다 등록인은 대부분 글로벌 대기업이 상위권에 포진해 있다. 다 출원인과 다 등록인이 차이가 나는 이유는 출원한 특허의 특허성 여부보다는 출원시점(미국의 빅테크는 최근에 많은 출원이 이루어졌음)이 늦어 아직 심사결과가 다 나오지 않은 것으로 보인다.

글로벌 가상융합기술 선도기업(마이크로소프트, 소니 등)을 보유한 국가가 가상융합기술 분야에서 많은 등록 특허를 보유하고 있으며, 미국과 일본에 이어 우리나라가 3위이고 중국은 4위이다. 중국은 특히 2014년 이후 출원이 급증했는데, 이들이 2018년 이후 많이 등록되면서 물량 면에서 최근 각 국의 기술 주도권 확보에 영향을 미칠 수 있는 상태가 되었다.

<table>
<tr><th colspan="4">전 세계 다 출원인 TOP 10</th></tr>
<tr><th>순위</th><th>국가</th><th>출원인</th><th>출원건수</th></tr>
<tr><td>1</td><td>JP</td><td>SONY</td><td>795</td></tr>
<tr><td>2</td><td>US</td><td>MICROSOFT</td><td>700</td></tr>
<tr><td>3</td><td>KR</td><td>SAMSUNG</td><td>684</td></tr>
<tr><td>4</td><td>JP</td><td>COLOPL</td><td>631</td></tr>
<tr><td>5</td><td>US</td><td>MAGIC LEAP</td><td>560</td></tr>
<tr><td>6</td><td>JP</td><td>NINTENDO</td><td>424</td></tr>
<tr><td>7</td><td>KR</td><td>LG</td><td>405</td></tr>
<tr><td>8</td><td>US</td><td>GOOGLE</td><td>321</td></tr>
<tr><td>9</td><td>US</td><td>IBM</td><td>290</td></tr>
<tr><td>10</td><td>US</td><td>FACEBOOK</td><td>269</td></tr>
</table>

[표 17] 가상융합기술 다 출원인 TOP 10

<table>
<tr><th colspan="4">전 세계 다 출원인 TOP 10</th></tr>
<tr><th>순위</th><th>국가</th><th>출원인</th><th>출원건수</th></tr>
<tr><td>1</td><td>JP</td><td>SONY</td><td>476</td></tr>
<tr><td>2</td><td>US</td><td>MICROSOFT</td><td>405</td></tr>
<tr><td>3</td><td>JP</td><td>NINTENDO</td><td>340</td></tr>
<tr><td>4</td><td>JP</td><td>COLOPL</td><td>311</td></tr>
<tr><td>5</td><td>KR</td><td>SAMSUNG</td><td>273</td></tr>
<tr><td>6</td><td>US</td><td>IBM</td><td>208</td></tr>
<tr><td>7</td><td>JP</td><td>KONAMI</td><td>192</td></tr>
<tr><td>8</td><td>JP</td><td>CANON</td><td>187</td></tr>
<tr><td>9</td><td>US</td><td>QUALCOMM</td><td>179</td></tr>
<tr><td>10</td><td>KR</td><td>LG</td><td>167</td></tr>
</table>

[표 18] 가상융합기술 다 등록인 TOP 10

    요소 기술로 구분하여 출원인의 국적별 동향을 살펴보면, 대부분 디스플레이 기술에 대한 출원이 활발한데, 특히 우리나라는 이 분야에서 전 세계 1위(46%)이다. 디스플레이 기술과 관련하여 가상융합기술에 대한 국제표준화도 진행 중인데, 국제전기기술위원회(IEC) 산하 디스플

레이 기술위원회의 워킹그룹(IEC TC 110 WG 12 'eyewear display')에서 관련 표준화가 많이 진행되고 있는 것도 이와 관련이 있다. 일본은 다른 국가 대비 렌더링 분야 출원비중 (38.5%)이 높은데, 이는 다양한 게임 관련 기업(COLOPL, NINTENDO, KONAMI, CAPCOM, BANDAI NAMCO)을 보유한 영향으로 보인다.

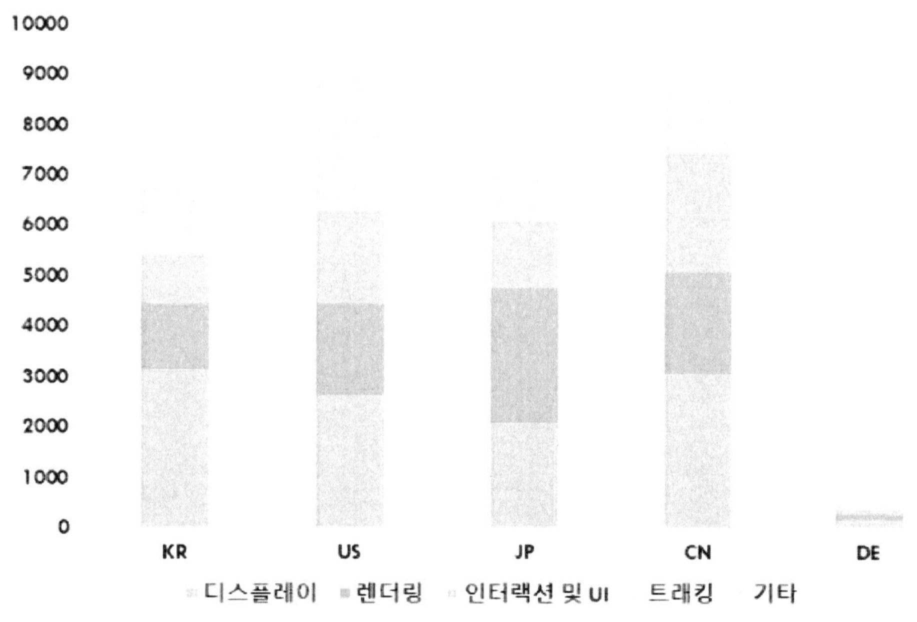

[그림 53] 주요 국적의 핵심요소 기술별 출원건수

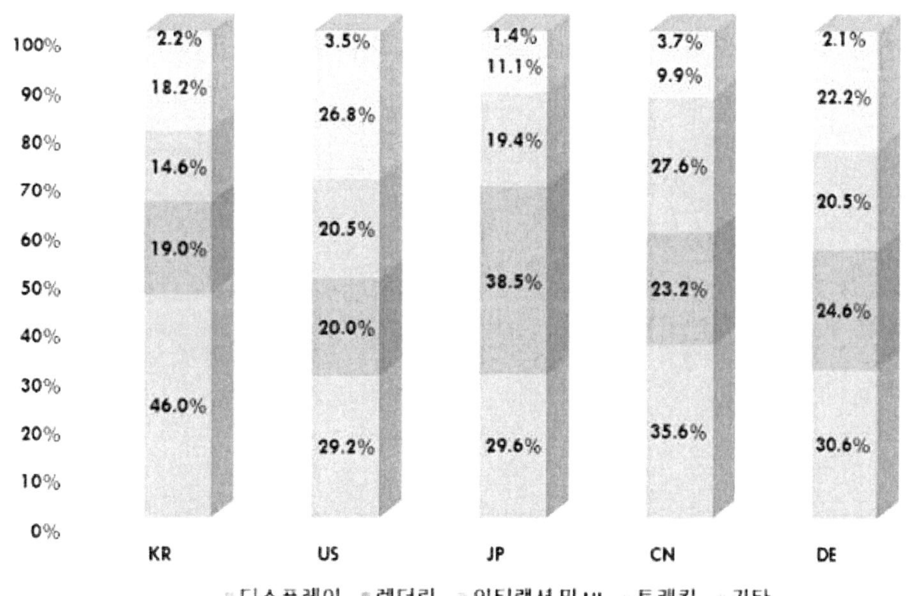

[그림 54] 주요 국적의 핵심요소 기술별 점유비율

미국 특허상표청	한국 특허청	일본 특허청	중국 특허청	유럽특허청 및 그 외	소계
5,813	2,603	2,245	2,481	385	13,527

[표 19] 유효 특허권의 국가별 보유 현황

미국국적	한국국적	일본국적	중국국적	유럽 및 기타	소계
4,261	2,889	3,117	2,185	676	13,128

[표 20] 유효 특허권의 국가별 보유 현황

 2021년 6월 기준으로, 가장 큰 시장을 가지고 있는 미국에서 유지(존속)되고 있는 특허권(유효특허권)은 5,813건으로 가장 많아 미국 시장의 영향력이 가장 높다는 것을 알 수 있고, 우리나라도 2,603건으로 상당히 영향력이 큰 시장으로 평가된다.

 유효 특허건의 출원연도를 고려하면, 본격적인 가상융합기술 시장 확대가 예상되는 2030년에도 현재 유효특허의 90% 이상이 존속 가능하며, 우리나라의 핵심적인 경쟁기업인 소니마이크로소프트-코로플의 등록특허(1,159건)는 삼성과 LG의 등록특허(440건)의 약 2.6배 수준으로 수적으로 우위에 있어 위협이 될 수 있다.

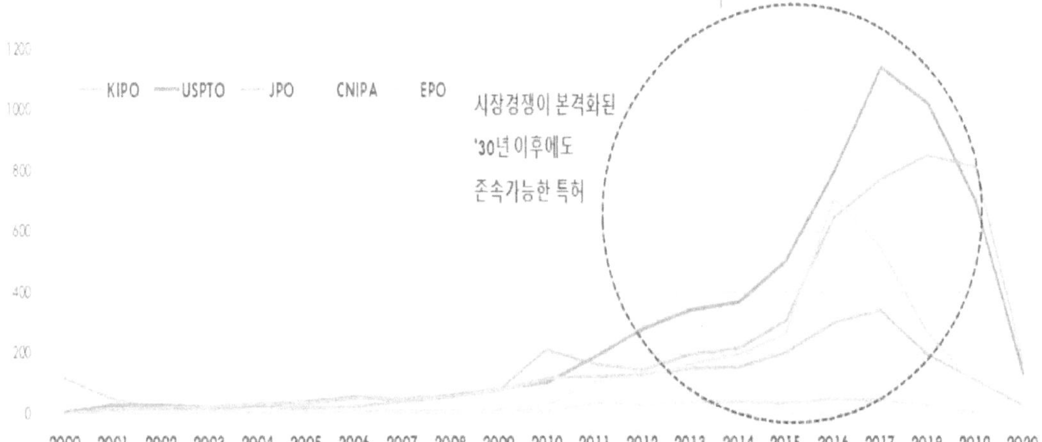

[그림 55] 글로벌 유효 특허의 출원연도 추이

[그림 56] 주요 기업 보유 유효특허의 출원연도 현황

나. 가상현실

가상현실 기술의 실제적 분류를 위한 뚜렷한 글로벌 스탠다드는 존재 하지 않는다. 이는 관련 기술의 상대적으로 짧은 역사에 기인한다. 우선 가상현실과 관련해 한국과학기술평가원이 주장하는 통합 기술분류 체계에 기반해 본다면 크게 1) 디스플레이 기술, 2) 트랙킹 기술, 3) 랜더링 기술, 4)인터랙션 및 유저 인터페이스(UI) 기술로 구분해 볼 수 있다.

구분	내용
디스플레이 기술	몰입 콘텐츠를 사용자가 감각적으로 경험할 수 있도록 제공하는 표시장치 기술
트랙킹 기술	몰입 콘텐츠에서 사용자의 생체데이터(움직임)를 실시간으로 추적하는 기술
랜더링 기술	몰입 콘텐츠를 고해상도/고화질로 구현하는데 필요한 HW 및 SW 기술
인터랙션 및 UI 기술	몰입 콘텐츠를 지각, 인지, 조작, 입력할 수 있도록 돕는 상호작용 기술

[표 21] VR 통합 기술분류 체계

1) 디스플레이 기술[24]

가상현실 기술을 구현하는 물리적 기반은 하드웨어로, 하드웨어는 크게 소비자가 착용하는 헤드셋 형태의 HMD, 컴퓨터(PC), 게임 콘솔, 모바일을 포함하는 호스트 시스템, 사용자/사물의 움직임을 추적하는 트랙킹 시스템, 신체의 움직임 등 외부 정보를 입력하는 컨트롤러 시스템 부문으로 분류 할 수 있다. 가상현실 부문에서 상대적으로 중요도가 높은 하드웨어 기기는 HMD다. HMD 성능은 사용자 경험의 완성도 및 가상현실 산업 대중화를 결정짓는 요소로, 호스트 시스템 형태에 따라 스마트폰 용, PC 용, 콘솔 용 그리고 독립형(Standalone)으로 구분된다.

스마트폰 용 HMD는 별도 디스플레이가 필요없다는 장점과 함께 상대적으로 낮은 가격을 특징으로 대중화 초기 국면에서 친숙도를 높이는데 기여했지만 제한적인 성능으로 인한 한계가 뚜렷하다. 따라서 주요하게 논의되어야 할 HMD는 PC용, 콘솔용과 독립형 제품이라 볼 수 있다. 해상도 향상은 HMD 제조사의 제품 개선 방향 중 하나다. 제조사들은 현실세계에서 사람 눈을 통해 인지하는 수준을 하나의 기준점으로 삼고 있다.

HMD용 디스플레이는 일반 디스플레이 대비 화면 상 픽셀이 도드라진다. 따라서 사용자가 이를 인지하지 못하는 해상도 수준 달성을 위해서는 8K OLED가 필요하다.

---

24) 가상/증강현실 디바이스 기술 동향, TTA JOURNAL, 2019.09

HMD 디스플레이는 기존 디스플레이 패널 제품을 바로 차용하지 못하고 별도 라인을 필요로 한다. 하지만 기기 판매 부진에 따라 대량생산 체제를 구축하지 못한 결과 높은 생산성을 확보하지 못하였다. 따라서 아직 많은 제품이 LCD를 차용 중이다.

호스트 시스템은 사용자가 가상현실 콘텐츠에 접속할 수 있게 도와주는 플랫폼으로 PC 뿐 아니라 콘솔 게임 기기, 모바일도 여기에 포함된다. 호스트 시스템은 일반적으로 고사양(그래픽카드, 메모리, 프로세서 등)을 요구하기 때문에 일정 수준 이상의 호스트 시스템을 갖추기 위한 비용 부담이 존재한다.

트랙킹 및 컨트롤러 시스템은 사용자의 모션을 추적 및 입력하는 기능을 담당한다. 최근 트랙킹 시스템은 기술발전에 따라 다른 하드웨어(HMD 및 호스트 시스템)에 접목되고 있는 추세이다. 해당 부문은 상대적으로 부수적인 느낌이 강하며, 절대적 가격 수준 또한 높지 않다. 오큘러스 Rift에 적용되는 트랙킹 시스템(Oculus Sensor)과 컨트롤러 시스템(Oculus Touch)의 추가 구매 가격은 각각 $59 및 $99 수준이다. 따라서 대중화 측면에서 큰 걸림돌로 작용하지 않는다.

[그림 57] 기술 체계와 하드웨어 간 연결지점 분석을 통해 알아본 HMD의 중요성

2) 인터랙션 장치 기술
가) 입력장치

가상/증강현실 기반 실감 콘텐츠의 현실감을 높이기 위해서는 직관적인 실시간 인터랙션이 가능해야 하고, 이러한 인터랙션이 가능하기 위해서는 사용자의 손, 발, 시선의 움직임을 추적하고, 이들의 음직임을 입력신호로 처리할 수 있는 입력 장치들이 요구된다.

이러한 입력 장치들은 손의 움직임을 추적하는 핸드 트래커 장치, 가상현실에 적용할 수 있도록 변형된 게임 컨트롤러 장치, 발의 움직임을 추적할 수 있는 트레드밀 장치, 뇌피/시선 등 다른 신체 부분의 움 직임을 추적할 수 있는 장치로 구분할 수 있다.

나) 다중 감각 출력장치

 다중 감각 출력장치는 영상 정보, 햅틱 모터에 의한 촉각 정보에 추가적으로 후각이나 온도, 습도 등 의 정보를 사용자에게 제공하는 장치이다. 대부분의 다중 감각 장치들은 공통적으로 카트리지를 이용한 냄새를 발산하는 장치를 포함하고 있다. 그러나 제한된 카트리지를 장착하여 작동하기 때문에 한 번에 제한된 수 이상의 냄새를 발산할 수는 없다.

 VAQSO VR은 가상현실 VR HMD에서 표현할 수 없는 냄새를 제공한다. VAQSO VR에는 한 번에 최대 5개까지 냄새 카트리지를 삽입하여 이용할 수 있고, 현재 상용화된 대부분의 HMD의 아래에 벨크로를 이용하여 부착하여 사용한다. VAQSO의 작동 원리는 VAQSO VR에서 제공하는 API가 호출될 때 카트리지의 구멍을 열어 냄새를 방출하는 형태로 이루어진다.

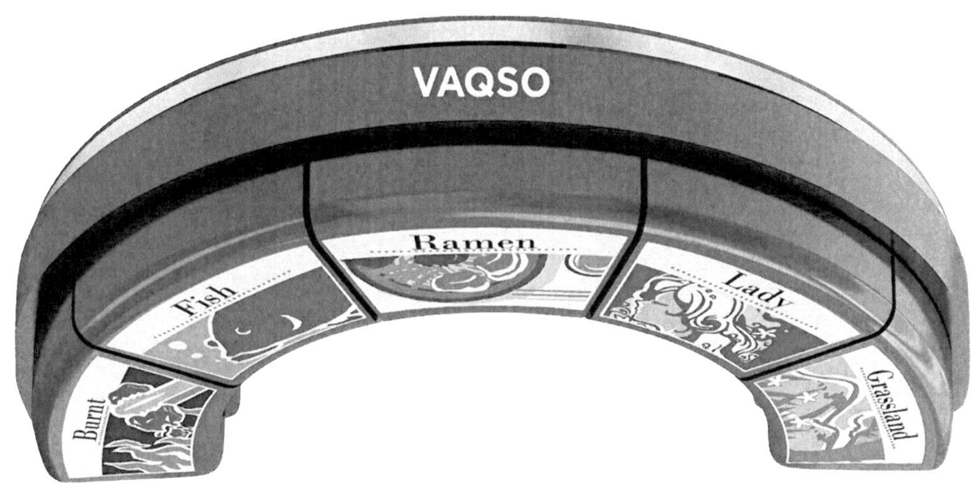

[그림 58] VAQSO

다. 증강현실
1) 디스플레이 기술

증강현실에서 가장 일반적으로 사용되는 디스플레이는 HMD로서 머리에 착용할 수 있는 형태와 Non-HMD라는 머리에 착용할 수 없는 형태로 분류된다. HMD형태의 디스플레이장치는 대부분 증강현실 시스템에서 가장 많이 사용되는 디스플레이장비로 Optical see-through HMD와 Video see-through HMD로 구분된다.

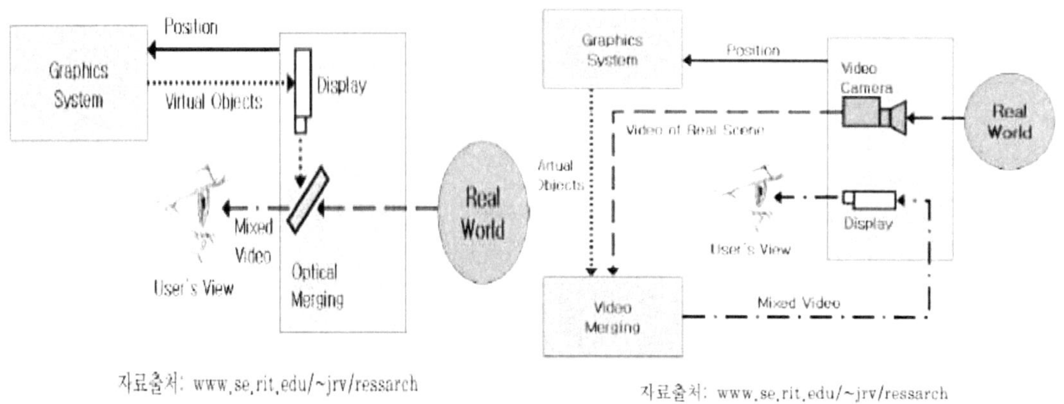

자료출처: www.se.rit.edu/~jrv/ressarch   자료출처: www.se.rit.edu/~jrv/ressarch

[그림 59] Optical see-through HMD   [그림 60] Video see-through HMD

Optical see-through HMD는 위의 그림에서 보는 바와 같이 사용자의 눈앞에 반투과성 광학 합성기(optical combiner)가 부착되어 있으며, 사용자는 광학 합성기를 통해 실세계 환경을 직접 보면서, 광학 합성기로 투사되는 가상 영상을 동시에 볼 수 있다. 그러나 광학 합성기를 통해 보는 실세계 모습은 빛이 100% 투과되지 않아 실제보다 어둡게 보이며, 가상 영상역시 선명하게 볼 수 없다는 단점이 있다. 또한 실세계 환경은 해상도와 관계없이 항상 볼 수 있으나, 가상 영상에서는 해상도의 영향을 많이 받는 단점이 있다.

Video see-through HMD는 위의 그림에서 보는 것처럼 실세계 환경에 대한 영상을 획득하기 위하여 HMD에 1개 이상의 카메라가 별도로 설치되어 있다. 그리고 비디오 합성기를 이용하여 카메라로부터 입력되는 실세계 영상과 컴퓨터에서 생성한 가상 영상을 합성하여 HMD에 부착된 LCD와 같은 디스플레이 장치에 보여주게 된다.

2) 마커 인식 기술

마커인식 기술이란 컴퓨터 Vision 기술로 인식하기 용이한 임의의 물체를 의미한다. 주로 검정색 바탕의 특이한 생강이나 문양이 사용되며, 경우에 따라서는 기하학적인 형태나 3차원 객체를 이용하는 경우도 있다.

증강현실은 현실 영상과 가상의 그래픽을 접목하여 보여주기 때문에 이 때 정확한 영상을 얻기 위해서 가상 객체들을 화면에서 원하는 자리에 정확히 위치시켜야 한다.

이 부분을 구현하기 위해서는 가상 객체에 대한 3차원 좌표가 필요하며, 이 좌표는 카메라를 기준으로 하는 좌표 값이 되어야 한다. 따라서 카메라의 영상에서 현실 세계의 어떤 지점이나 물체에 대한 카메라의 3차원 좌표를 확보해야 하는데, 이를 위해서는 2 대 이상의 카메라가 필요하게 된다. 하지만 현실적으로 증강현실 시스템에서 사용하는 카메라의 수는 대부분 한 대를 사용하기 때문에 3차원 위치 파악을 하기가 쉽지 않다. 따라서 이에 대한 대책으로 마커 인식 기술이 사용되고 있다. 대부분의 증강현실 시스템은 주로 마커를 이용해 상대적 좌표를 축출하고 가상 영상을 실제 영상에 합성시킨다.

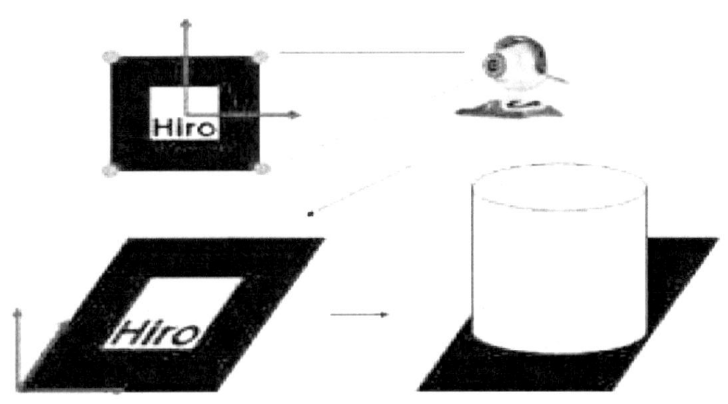

자료출처: 정보통신연구진흥원 ITFIND

[그림 61] 마커 인식 과정

마커 인식 과정은 다음과 같다. 먼저 카메라에 찍힌 화면을 컴퓨터에서 넘겨받은 뒤, 흑백 화면상에서 검은 영역만을 따로 분리해 낸다. 분리해낸 영역 중에서 검은색 사각형이 될 만한 영역을 따로 찾아낸 후, 그 사각형 영역 내부에 있는 패턴을 미리 기록해 놓은 마커의 이미지 패턴과 비교함으로써 둘 사이의 유사성을 찾고, 패턴이 일치하는 것으로 파악되면 그 사각형영역의 네 꼭짓점 정보를 이용해서 마커의 위치를 파악하게 된다.

마커가 정사각형이므로 실제로 3개의 점, 즉 2개의 직각으로 만나는 선이 얻어지므로 나머지 한 선은 쉽게 얻어지며, 이들로 이루어지는 좌표계를 얻을 수 있다. 최종적으로 라이브러리에서는 이러한 좌표계와 가상공간상의 좌표계 사이의 매트릭스 정보 와, 그 때의 마커의 위치를 제공하게 된다.

그리고 이를 우리가 만든 시스템에서 이용하기 위해서 얻어진 좌표를 가상공간의 좌표계로 변환시킨 뒤, 가상 공간상의 물체의 위치와 실제 물체의 위치를 상대적으로 나타낸 뒤, 카메라를 통해 얻어지는 화면 위에 가상 공간상의 물체를 그려내면 되는 것이다. 이를 통해서 가상 공간상의 물체를 증강 현실상에 존재하는 것처럼 보일 수 있다.

3) 영상 합성기술

효율적인 증강현실 시스템은 실제와 가상을 합쳐야 하며 실시간으로 사용자와 상호 작용이 이루어져야 한다. 또한 입체적인 3차원 공간에 이질감 없이 부드럽게 정합이 되어야 한다. 실제로 사용자들은 가상물체가 실물처럼 정확하게 움직이지 않는 것보다 시각적인 불일치(또는 어긋남)에 더욱 민감하게 반응한다.

이런 문제점을 개선하기 위해서는 카메라의 특성을 잘 파악하여 가상의 물체와 실제 환경의 3차원 좌표를 정확히 일치시켜야 한다. 특히, 실시간으로 사용자와 가상 물체 간에 상호작용을 통해 사용자로 하여금 더욱 현실감을 느끼게 할 수 있지만 실시간으로 입력되는 교정되지 않은 영상에서는 가상 물체를 합성시키기 위해서는 실제 카메라의 파라미터를 정확히 알아내는 카메라 교정 작업이 필수적이다.

영상 합성 기술은 크게 카메라 교정기술을 통한 합성과 카메라 교정기술 없이 합성하는 방법 2가지로 구분할 수 있다. 카메라 교정기술을 통한 합성을 하는 이유는 실제 환경에 가상 물체를 위치 시켰을 때 어색함이 없이 자연스럽게 합성되어야 하는데 실제로는 다양한 오차(정 적 오차, 렌더링 오차, 동적 오차) 등으로 쉽게 구현되지 않는다. 이러한 점들을 해결하기 위해 '카메라 교정 장비 및 3차원 위치 센서를 이용한 방법'과 '시각 기반 기법'을 이용하고 있다. 그러나 카메라 교정 장비 및 3차원 위치 센서 등을 이용한 방법은 고가의 장비 및 제한된 취득 환경을 요구하는 단점이 있다.

시각 기반 기법은 카메라 이외의 다른 장비를 사용하지 않고 취득한 영상만을 이용해 카메라를 교정하는 기법이다. 이 기법은 사전에 알고 있는 체크 패턴을 실제 세계에 포함하여 그 패턴이 투영된 영상을 이용하여 카메라를 교정하는 방법이다. 이 방법은 비교적 정확한 카메라 파라미터를 얻어낼 수 있으나 영상 내에 항상 사전에 알고 있는 패턴이 존재해야 함으로 증강현실 분야에 적용하는데 다소 제한 사항이 있다.

최근 카메라 교정기술 없이 영상을 합성하는 기술도 다각도로 연구되고 있다. 어파인(Affine) 카메라라는 가정 하에, 카메라 교정단계가 없이 사용자가 지정 한 4쌍의 대응되는 어파인 기점을 이용해 비디오 영상 내에 가상 물체를 합성 시키는 방법이 있으며, 사영(Projective) 카메라 모델에서 각 영상에서의 많은 대응점을 이용해 증강현실을 구현하였다.

이러한 방법들은 사전의 교정 패턴이 요구되지 않은 장점은 있으나, 사용자에게 모호한 기저점의 지정을 요구하기 때문에 기저점으로 나타낼만한 패턴이 없는 경우 어긋난 기저점의 선택에 따른 큰 오차를 낳을 수 있으며, 결국 가상물체의 정합 오차로 인한 부자연스러운 증강현실을 초래한다.

라. 혼합현실
1) 위치인식 기술[25]

일반적으로 모바일 단말기를 이용하여 혼합현실을 구현하고자 할 때는 마커 기반의 비전기술을 이용한다. 즉, 모바일 단말기에 부착된 카메라를 통해 획득한 실시간 이미지에서 마커 정보를 획득하고 이를 기반으로 실사에 가상객체를 혼합하는 것이다. 여기서 마커란 앞서 증강현실에서 살펴보았듯이, 특정한 패턴을 가지고 있는 단순한 2차원 도형으로 쉽게 식별이 가능하도록 만든 일종의 인식 코드이다. 한편, 마커가 없는 상황에서 혼합현실을 구현하기 위해서는 이미지를 얻는 카메라의 위치 및 자세 가 정확하게 파악되어야 한다.

먼저, 위치를 인식하기 위한 방법을 살펴보면 그게 거리 측정에 의한 삼변측량(trilateration) 방법, 각도 측정에 의한 삼각측량(triangulation) 방법, 근접 방법으로 나눠볼 수 있다.

① 거리 측정에 의한 삼변측량 방법
거리 측정에 의한 삼변측량 방법은 이미 위치를 알고 있는 기준점으로부터의 거리를 측정하여 대상의 위치를 계산하는 방법으로써 GPS 기반의 위치 인식 기술이 그 대표적인 사례이다. 차원 공간상에서 물체의 위치를 파악하려면, 최소한 세 개의 위치를 알고 있는 기준점으로부터의 거리를 측정해야 한다.

② 각도 측정에 의한 삼각측량 방법
각도 측정에 의한 삼각측량 방법은 기준이 되는 지점 간의 거리와 위치 인식 대상과 기준점과의 각도를 측정하고 평면삼각법[26]으로 나머지 변의 길이를 계산하여 위치를 파악하는 방법으로써 항해, 토목 분야에서 주로 사용되는 기법이다.

③ 근접 방법
근접 방법은 위치를 추적하고자 하는 물체가 알려진 위치 근처에 있을 때 물리적 접촉을 통하거나, 물체가 발신한 신호를 기지국에서 모니터링 하거나, 태그를 호출하여 그 물체의 위치를 인식하는 방법이다.

2) 영상정합 기술[27]

혼합현실 시스템의 응용분야를 제한하는 가장 기본적인 문제 중의 하나는 실제 영상과 가상의 그래픽을 겹쳐서 보여줄 때, 두 개의 영상이 정확하게 일치하게 하는 영상정합(registration) 문제이다. 특히 의료 분야의 경우 이러한 정합이 정확히 이루어지지 않으면 치명적인 문제가 생길 수 있으며, 정합의 정확도에 따라서 혼합현실의 응용분야에 많은 제약이 따른다.

---

25) 모바일 혼합현실 기술, ETRI, 2007.08
26) 삼각함수를 사용하여 평면 위 삼각형의 변과 각도 사이의 관계를 기초로 하는 삼각법이다. (출처: 표준국어대사전)
27) 모바일 혼합현실 기술, ETRI, 2007.08

사람은 가상물체가 실제 환경에서의 물체처럼 움직이지 않는 것에 따른 오차 (visual-kinesthetic error) 보다는 실제 환경과 일치하지 않아서 발생하는 어긋남(visual misalignment)에 훨씬 민감하기 때문에 실제 환경의 카메라 특성을 파악하여 가상물체와 실제 환경의 3차원 좌표를 정확히 일치시켜야 한다.

특히 실시간으로 사용자와 가상물체간의 상호작용을 통해 사용자로 하여금 더욱 현실감을 느끼게 할 수 있지만 실시간으로 입력되는 교정되지 않은 영상에서 가상물체를 합성시키기 위해서는 실제 카메라의 파라미터를 알아내는 카메라 교정 작업이 필수적이다.

3차원 좌표를 수치 해석적 방식이나 카메라 제조사에서 제공하는 카메라의 파라미터[28]를 이용하여 그들의 영상에서의 위치를 알아낸다. 영상에서의 위치를 알게 되면 바로 그 곳에 가상 객체를 덮어서 그려 넣으면 되므로 문제는 카메라 영상에서 현실 세계의 어떤 지점이나 물체에 대한 3차원 좌표를 얻어내는 것이다.

3차원 좌표를 얻어내기 위해서는 이론적으로 2개의 카메라가 필요하다. 이는 인간이 두 눈을 통하여 깊이를 인지하는 원리와 같다. 컴퓨터 비전 연구자들을 지난 40년 동안 이 문제를 풀어내기 위하여 고심했으나, 현재 보통 영상에서 어떤 객체를 인식하고 이의 좌표와 자세를 알아내는 데에는 한계가 있다. 특히 보통의 혼합현실 시스템에서는 한 개의 카메라만을 사용하는 경우가 많으므로 한 개의 카메라에서 현실 세계의 3차원 위치를 파악 하는 것은 매우 어렵다.

따라서 혼합현실 연구자들은 추출하기 쉬운 영상특징들로 구성된 기준표시라고 하는 마커 (landmark or marker)를 이용하여 이를 해결하고 있다. 마커를 이용한 방법은 사용자로 하여금 주변 환경에 인위적인 요소(표식 설치 등)를 첨가해야 하므로 야외의 혼합현실 시스템의 경우에는 모델에 기반한 영상정합을 많이 사용하고 있다.

3) 영상합성 기술

영상정합을 통하여 가상 객체가 표현되어야 하는 위치를 추출하게 되면 이를 실제 영상에 합성하는 기술이 필요하다. 이를 영상합성 기술이라 하며 이 기술은 상대적으로 많이 발달 되어 있는데, 비디오 영상 데이터를 그래픽 시스템 의 frame buffer에 받아 들여서 그래픽 영상과 같은 데이터를 공유하게 함으로써 간단히 해결할 수 있다.

이 때 가상객체는 카메라의 시점과 주어진 3차원 위치에서 어떻게 보이고 그려져야 할지 프로젝션 계산에 의하여 결정된다. 현재 그려지는 가상 객체들은 만화와 같은 사실성이 떨어지는 객체들의 경우가 많으나, 이를 좀 더 사실적으로 표현하여 자연스러운 영상을 만들어 내고, 그림자나 다른 객체에 가려지는 효과, 또는 각종 빛의 효과를 삽입하는 연구도 많이 진행되고 있다.

---

28) 2차원 영상으로 프로젝션하기 위해 카메라가 사용하는 수학적인 모델을 의미한다.

4) 저작도구 기술

 3D Max나 마야 같은 모델링 저작 도구에 비해 혼합현실 콘텐츠 제작을 위한 저작도구는 역사가 짧고 상용제품도 적다. 다만 전 세계적으로 가상현실의 한 분야로써 혼합현실에 대한 연구가 군소적으로 이루어지고 있으며 이에 따라 저작도구에 대한 연구가 진행되고 있으나 기술적, 제적 파급 효과는 현재까지 미미한 상태이다.

 한편, 모바일 환경에서의 혼합현실 기반 저작도구는 더더욱 미미하여 혼합현실 기반 저작도구 범주 안에 이를 포함하여 살펴보고자 한다. 혼합현실 기반의 저작도구는 일반적인 저작도구와 마찬가지로 메뉴나 툴바 혹은 윈도 시스템에서 사용자가 원하는 콘텐츠를 제작하도록 지원하며 insert, connection, move, resize, drag and drop, ordering, object-selection, positioning과 같은 다양한 operation들을 사용한다.

5) 상호작용 기술

 혼합현실 기술은 실세계의 3차원적 정보 공간에 직관적인 인터페이스를 제공함으로써 사용자가 인위적으로 구성한 가상객체 혹은 공간으로의 자연스러운 접근을 꾀하도록 한다.

 기존의 노트북 컴퓨터, HMD, 카메라 등으로 구성된 이른바 backpack 시스템을 통해 구현되어 왔던 모바일 혼합현실 기술은 제한된 연구실 환경에서는 잘 동작하지만, 가격이 비싸고 착용이 불편하며 일정 수준의 전문성도 필요로 하기 때문에 경험이 많지 않은 사용자가 다루기엔 어려운 점이 많았다.

 최근 다양한 컴퓨팅 능력을 가진 handheld 컴퓨터, 휴대폰, PDA 등 휴대가 용이한 기기들의 사용이 일반화되면서 실험실 환경에만 국한되었던 혼합현실 기술들이 실질적인 외부환경에서 더 많은 사용자들에게 제공될 수 있는 잠재력을 지니게 되었다.

05

가상융합기술 정책 동향

5. 가상융합기술 정책 동향[29)](#)
가. 미국

미국은 ICT R&D 프로그램인 NITRD(Networking and Information Technology Research and Development)의 일환으로 XR 기술개발을 지원해 왔다. 1990년대에는 수술 및 치료 보조, 광학현미경 기술 시각화에 CG, VR 기술 활용을 지원하였으며, 2000년대에는 산업, 교육, 재난 등 다양한 공공 분야로 VR 활용을 확대하였다. 2017년부터 XR은 컴퓨터 기반 인간 상호작용, 커뮤니케이션, 증강(CHuman, Computing-Enabled Human Interaction, Communication and Augmentation) 분야로 발전되었고 AR 기술 개발, XR과 인공지능(AI) 융합을 지원하였다.

미국 국방부, 국토안보부, 교육부 등을 중심으로 국가안보 및 사회·안전 분야의 XR 기반 교육·훈련 프로그램 개발 지원도 지속적으로 이루어지고 있다. 국토안보부는 응급상황 발생 대응을 위한 가상훈련플랫폼 EDGE(Enhanced Dynamic Geo-Social Environment)를 개발하여 사용 중이다. 교육부는 중장기 교육 기술 정책 계획인 '국가교육기술계획 2017(The National Education Technology Plan 2017)'에 학생 참여도 및 자율성 제고를 위한 VR·AR 기술 활용 방안을 포함하였다.

미국 국방부는 육군 훈련 분야에 XR 기술을 활용하고 있다. 현재 일부 부대를 대상으로 시범 운영중인 합성훈련환경(Synthetic Training Environment, STE)은 전투기, 탱크 등 다양한 군수물품변화에 맞추어 실시간(Live), 가상(Virtual), 건설적(Constructive) 훈련을 지원한다. 2021년 4분기에 초기운용역량(initial operating capability) 요건을 갖추고, 2023년에 완전운용역량(full operating capability) 확보를 예상하고 있다.

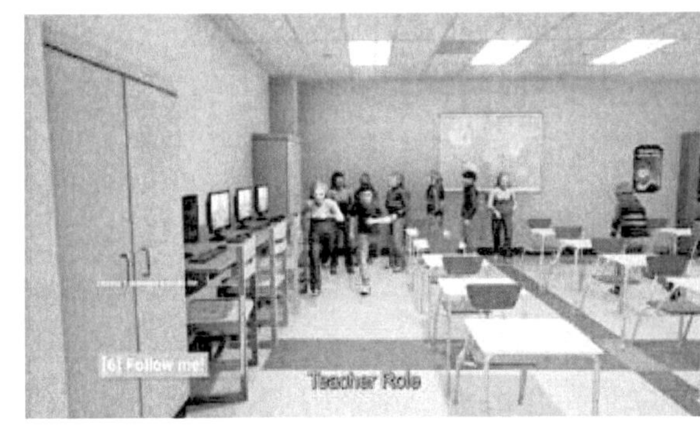

EDGE

STE

[그림 63] 미국 주요 기관 XR 지원 프로그램

---

29) 글로벌 XR 정책 동향 및 시사점, MONTHLY SOFTWARE ORIENTED SOCIETY N, 2020

나. 유럽/영국

유럽은 범유럽(EU) 차원의 중장기 XR 기술 개발을 지속적으로 추진하고 있다. MR 저작 프로세스 관련 'Authoring Mixed REality', '가상현실 R&D를 포함한 범유럽 7차 기술연구개발 종합계획(EU 7th Framework Program)', '호라이즌 2020(Horizon 2020)'등 범유럽 연구개발 계획 발표를 통해 XR 등 미래 ICT 기술력 확보에 집중하고 있다. 영국, 독일, 스페인 등 개별 국가에서도 XR 관련 연구 프로젝트가 활발히 진행되고 있다.

특히 영국은 XR 활용 산업 발전에 다양한 정책적 노력을 기울이고 있다. 영국은 4대 디지털 핵심기술로 XR을 지정하고, 지역 클러스터 지원 등을 통해 실감기술과 他 산업과의 시너지 창출을 통한 XR산업 발전을 추진하고 있다. 2017년 '산업전략 백서', 2018년 '창의산업 섹터 딜(Creative Industries Sector deal)' 발표 등을 통해 미래 산업기술 중 하나로 XR을 채택 하였다. 또한, 2018년 Innovate UK는 "The Immersive Economy in the UK" 보고서를 통해 XR 기술을 활용하여 산업, 사회, 문화적 가치를 창출하는 실감경제(Immersive Economy) 개념을 제시하면서 범용기술로서 XR의 역할과 파급력에 주목할 필요성을 강조하였다.

2018년 영국 정부의 산업전략챌린지펀드(Industrial Strategy Challenge Fund)와 예술인문 연구 지원회(Arts and Humanites Research Council) 지원을 받아 시작한 창의산업 클러스 터 프로그램(The Creative Industries Clusters Programme)은 타 산업 분야와 XR 기술 융 합 발전 촉진을 지원하고 있다. 본 프로그램은 영국이 강점을 가지고 있는 소프트웨어·컴퓨터 서비스, 디자인, 출판, TV·라디오, 음악, 비디오·영화·광고, 건축, 패션 디자인 등 다양한 분야 기업 및 유관기관들이 참여하여 연구자와 기업 간 협업 및 지식 창출·교환을 목표로 한다. 현 재 9개 창의산업 클러스터 프로그램이 운영되고 있으며, 게임·영화·예술 등 다양한 분야 프로 그램에 관련 XR 기술 R&D도 포함되어 있다.

이름	내용
XR Stories	게임 및 미디어 산업 : 게임-영화/전시 등 타 분야 R&D 협력 • 디지털 스토리텔링을 위한 몰입형 및 인터렉티브 기술개발 • 문화 관련 조직 간 협업을 위한 18개 프로젝트 진행 • XR 인프라를 위한 시설 펀드 개설 및 관련 인턴제도 수립 • 오페라와 XR 기술 결합, 몰입형 스크린 개발 등
Clwstwr Creadigol	뉴스서비스 및 스크린 산업 : 저비용/맞춤형 비주얼이펙트 제작 스튜디오 등 • 미디어 업체, 웨일즈 국립현대무용단 등에 XR 등 혁신 기술 활용 지원 • 저비용/맞춤형 비쥬얼이펙트(Visual Effect) 제작 스튜디오 개발 등
StoryFutures	전시/공연 산업 : 전시/공연 분야 몰입형 콘텐츠 지원 등 • 갤러리 체험용 VR 제작, AR을 활용한 캠페인 제작 • VR, 촉각 등 몰입 기술을 결합한 오페라 제작 지원 • 학계와 연계하여 중소기업 XR 기술력 향상 지원
Future Screens NI	영화, 방송, 애니메이션, 게임 산업 : 몰입형 게임 기술개발 등 • VR 어드벤쳐 게임 제작, 장애 음악가를 위한 제스처 기반 VR 음악 환경 • 미국 연구소와의 국제협력, 연구소 설립, 펠로우십 프로그램 수립 등
Bristol+Bath Creative R+D	창의 R&D : 현장 실습 지원, 디지털 공간 연구 등 • 대중들에게 새로운 디지털 플랫폼 공간 경험 기회 제공 • 사회적 약자 계층에 영화 산업계와 협력한 현장실습 프로그램 지원 • 멀티 유저 AR 라이브 음악 체험, 증강도시 컨퍼런스 등 제공
StoryFutures Academy	몰입형 스토리텔링 : 몰입형 스턴트 드라이빙 / 다큐멘터리 등 • XR 기술을 학습, 실험, 개발할 수 있는 몰입형 랩 설립, 작가실 운영 • TV 프로그램 시청자를 위한 가상 경험 제공, VR 다큐멘터리 제작 지원 • 방송사와 협력하여 청년층을 위한 몰입형 콘텐츠 제작

[표 22] 영국 창의산업 클러스터 VR/AR 관련 프로그램

다. 중국

중국은 중앙 정부에서 전략형 신흥산업 육성 차원에서 XR 활용 확대 정책을 펼치고 있으며, 지방 정부별로 지역 맞춤형 XR 산업 육성 정책을 추진하고 있다. 2016년부터 '국가 전략형 발전계획', '정보소비 확대에 대한 지도의견', 'VR 산업 발전 가속화 지도의견', '문화·과학 기술 융합 지도의견' 등 XR 산업 발전 지원을 위한 중앙 정부의 중장기 정책이 연이어 발표되었다.

이에 따라, 저장, 허베이성, 산둥 등 주요 지방 정부에서는 XR 관련 산업기지 구축 등 세부 실행 정책을 추진하고 있다. 2018년 기준으로 중국 동부지역(베이징, 난창, 허베이 등)에 15개의 VR·AR 산업단지가 조성되어 XR 체험부터 창업 생태계 조성까지 XR 산업 발전을 위한 폭넓은 지원이 이루어지고 있다. 또한, 지방 정부들은 디지털 경제 발전, 교육 혁신, 5G, 빅데이터 등 기술발전 전략에 XR 활용 내용을 반영하고 있다.

지역	정책 명칭	내용
저장성	고등교육 강화 전략의 전면적 시행에 관한 의견	AR/VR/MR 기술에 기반한 몰입식 학습환경 구축
후난성	후난성 디지털 경제 발전 계획 (2020-2025년)	초고화질 동영상과 AR, VR, 인공지능, 5G 등 기술의 융합 혁신 지원, 보안, 의료 및 교통 등 분야 응용 장려
허베이성	5G 발전 가속화에 관한 의견	5G에 기반한 핸드폰, VR/AR, 스마트 건강·휴양 등 응용 소프트웨어 연구·개발 촉진
산둥성	산둥성 디지털 경제 발전 지원 의견	디지털 산업화 수준을 제고하고, 인공지능, VR 및 블록체인 등의 첨단 신흥 산업을 조기에 배치
허난성	허난성 초중고교 교사의 정보 기술 응용 능력 제고 프로젝트 2.0 시행 방안	빅데이터, VR, 인공지능 등의 IT 기술을 적극적으로 응용하도록 유도
윈난성	《유통의 고속 발전을 통한 상업 소비 촉진》에 관한 시행 의견	비즈니스 분야에서 AR, VR 등의 현대 기술을 광범위하게 응용하도록 촉진
쓰촨성	디지털 경제의 발전 추진 가속화에 관한 지도 의견	자연 경관과 VR 기술의 융합을 촉진하고, 여행의 디지털화 관리와 정밀 마케팅 및 서비스 스마트화 추구
광둥성	광저우 인공지능 및 디지털 경제 시험구 구축 종합 방안	이미지 및 음성 식별, 기계 번역, 가상현실과 증강현실 등의 중점 분야에서 인공지능 기업 양성

[표 23] 2019~2020년 중국 지방 정부 XR 산업 관련 주요 정책 예시

라. 일본

일본 정부는 4차 산업혁명 기술 기반의 경제발전과 사회문제 해결을 위한 'Society 5.0' 전략에서 AI, 사물인터넷과 함께 VR·AR 기술을 미래 사회를 위한 핵심 기술에 포함하였다. 내각부의 '과학기술혁신종합전략', 미래투자전략회의의 '미래투자전략', 총무성의 '2030년 미래를 맞는 기술 전략'에서도 미래 사회를 위한 VR·AR 기술의 중요성을 강조하고 있다. 문부과학성은 학계와 연구계를 대상으로 VR·AR 연구개발비를 지원하고, 경제산업성은 VR·AR 콘텐츠 제작 기업 지원 및 기술 활용 가이드라인을 제시했다. 경제산업성 홋카이도 경제산업국에서는 국외 XR 시장 네트워크 구축 정책을 발표했다.

2020년 4월 국토교통성은 일본 국토의 디지털트윈(Digital Twin)을 목표로 하는 '국토 교통 데이터 플랫폼 1.0'을 공개하였다([표 3] 참조). 국토 교통 데이터 플랫폼은 국토, 경제활동, 자연현상과 연계된 데이터를 연계해 가상공간에서 관리, 물류, 재난대비, 건축 등 다양한 상황을 시뮬레이션하는 것이 목적이다. 건축물이나 인프라, 관광시설 등 3차원 데이터에 역사와 이벤트 정보를 부가하고 XR 시각화를 활용하여 몰입감이 높은 관광체험 제공 등 다양한 서비스 제공도 가능하다.

기능	내용
3차원 데이터 시각화	국토에 관한 데이터를 사이버 공간에 재현하기 위해서 국토지리원의 3차원 지형 데이터를 토대로 3차원 지도상에 점군 데이터 등 구조물의 3차원 데이터나 지반 정보 표시
데이터 허브	국토에 관한 데이터와 사람이나 사물의 이동 등 경제활동에 관한 데이터, 기상 등의 자연현상에 관한 데이터를 연계하기 위해서 API로 연계하여, 동일 인터페이스에서 횡단적으로 검색, 표시, 다운로드 가능한 기능 제공
정보 전송	국토 교통 데이터 플랫폼의 데이터를 활용해서 시뮬레이션 등을 실시한 사례를 플랫폼에 등록할 수 있도록 하고, 사례연구로서 그 정보를 열람 가능

[표 24] 일본 국토 교통 데이터 플랫폼 기능

2020년 5월 경제산업성이 발표한 '산업기술비전2020'은 코로나19 위기로 인해 가상공간과 현실공간 모두 외부적 충격에 신속히 대응하는 유연한 경제·사회 시스템으로의 전환과 'Society 5.0' 실현을 앞당길 것을 강조하였다. 이를 위한 중요 기술군에 사물인터넷, 인간확장(Human Augmentation)을 뒷받침하는 로보틱스(Robotics), 센싱(Sensing), XR, 기계번역 등 디지털 기술을 포함하였다. XR의 경우, 향후 가상공간을 통한 원격, 비접촉, 비대면 상태의 가치 제공이 핵심이 되면서 이를 지원하는 텔레프레전스(Telepresence)나 원격조작(Teleexistence), 인간 오감의 가상 재현 기술이 더욱 중요해질 것으로 전망하였다.

마. 한국

한국은 2016년 발표한 '9대 국가전략'에서 VR 기술개발 및 산업육성에 대한 정책지원을 본격화하였다. 이후 범부처 차원에서 '5G+ 전략실행계획', '실감콘텐츠 산업 육성 범정부 5개년 추진계획', '콘텐츠산업 활성화 실행계획', '가상·증강현실 분야 선제적 규제 혁신 로드맵' 등을 통해 실감콘텐츠 산업 중심의 기술개발, 펀드지원, 인프라 확충, 규제 개선 등 지원을 확대해 왔다.

2020년 7월 발표된 '디지털 뉴딜(Digital New Deal)' 정책에도 민간 시장 수요창출 기반 마련을 위한 실감형 콘텐츠 제작 및 융합형 서비스 개발, 신산업 기반 마련 및 안전한 국토·시설관리를 위해 도로·지하공간·항만 대상 디지털 트윈 구축 등 XR 활용 서비스 확산 및 활용 기반 마련 계획을 포함하였다.

2020년 12월에는 기존의 콘텐츠산업 육성 정책을 경제산업 전 영역의 XR 수요를 반영한 XR 기반 "가상융합경제 발전 전략"이 발표되었다. XR을 활용해 경제활동(일·여가·소통) 공간이 현실에서 가상융합공간까지 확장되어 새로운 경험과 경제적 가치를 창출하는 개념으로 가상융합경제를 정의하였다. '한국판 뉴딜'의 성공적 이행을 촉진하는 기폭제로서 가상융합경제의 중요성을 주목하고 민간주도의 가상융합경제 발전 기반을 조성하는 방향으로 본 정책을 추진할 예정이다.

정책명	주요 정책 내용
9대 국가전략 (2016)	• 펀드 투자 : 전용 펀드 조성, 신산업 R&D 투자 세액공제 확대 • 인프라 구축 : 가상현실 클러스터 조성 등 가상증강현실 생태계 구축 • 산업 육성 : 5대 가상현실 선도산업 추진
5G+ 전략실행계획 (2019.6.)	• VR·AR 디바이스 : 핵심 기술 확보, 테스트베드 구축 • 실감콘텐츠 : 제작지원, 실증지원, 인프라 구축, 사업화 지원
실감콘텐츠산업 육성 범정부 5개년 추진계획 (2019.10.)	• 펀드 투자 : 관계부처 1.3조 투자 목표, 펀드 조성 및 운영 • 전문성 확보 : 전문기업 및 인재 육성, VR/AR/HR 핵심 기술 개발 • 인프라 구축 : 아시아 최대 수준 실감콘텐츠 제작 인프라 구축·운영
콘텐츠산업 활성화 실행계획 (2020.3.)	• 수요 창출 : 국방, 문화, 교육 산업 관련 대규모 프로젝트 추진 • 인프라 구축 : 실감콘텐츠 제작 및 테스트 인프라 구축 및 운영 • 산업 육성 : 벤처성장지원펀드조성, 규제 개선 및 인재양성
VR·AR 분야 선제적 규제 혁신 로드맵 (2020.8.)	• 서비스 확산 시나리오에 따라 규제 이슈 발굴 • 명시적 규제, 과도기적 규제, 불명확한 규제로 구분 및 개선 추진
가상융합경제 발전 전략 (2020.12.)	• 산업현장부터 사회문제 해결까지 XR 활용 전면화 • XR 고도화·확산의 핵심 기반(DNA+디바이스)을 조기에 확충 • 全분야 XR 확산의 핵심 주역인 XR 기업 세계적 경쟁력 확보 지원

[표 25] 국내 XR 관련 주요 정책

06

가상융합기술 활용 사례

6. 가상융합기술 활용 사례[30)]
가. 제조

 XR은 제조업 현장의 디자인, 생산, 정비, 교육 등으로 활용영역을 넓혀가고 있다. 도요타(Toyota)는 차량 디자인과 기체역학 영향을 파악하기 위한 전산유체역학(Computational Fluid Dynamic, CFD)분석에 MR 기술을 활용하고 있다. 정지된 차량에 MR 정보를 투영하여 CFD 분석을 실시간으로 수행하고, MR 기기를 착용한 다수 작업자가 서로의 의견을 공유하며 업무 효율성을 높일 수 있다.

 볼보(Volvo)도 시제품, 디자인 개발, 안전 기술 평가 등 자동차 개발 전반에 MR을 활용하고 있다. 항공방산업체 록히드 마틴(Lockheed Martin)은 미국항공우국(NASA)의 달 착륙 프로젝트인 아르테미스(Artemis) 임무 수행을 위한 유인 우주선 오리온(Orion) 조립에 MR 기술을 활용하였다. 우주선 제작은 두꺼운 매뉴얼(Manual) 서류를 보면서 반복적이고 정확한 측정이 필요한 다량의 수작업과 데이터 입력 작업이 필요하다. MR 기기를 착용한 현장 작업자는 조립 대상에 비춰진 시각화된 조립 정보를 확인하면서 중단 없이 공정을 이어갈 수 있다. 이를 통해 반복 조립과 데이터 처리 시간을 90% 줄일 수 있었고, 작업자 간에 종이나 태블릿 PC를 서로 넘겨주는 일이 줄어들어 사회적 거리 유지에도 도움이 되었다. 유사한 사례로, 반도체 기업 글로벌 파운드리스(Global Foundries)는 표준화된 작업 지침을 AR로 구현하여 문서화 시간 50% 감소, 비계획 다운타임(Downtime) 25% 감소 등의 성과를 거두었다.

 벤츠(Benz)는 대리점의 정비사들이 필요한 차량 정비 정보 제공, 사내 원격 전문가와의 연결 등 원격지원을 위해 MR을 활용하고 있다. 최근 적용된 신기술에 관련된 고장, 원인을 알 수 없는 고장 대응에 필요한 외부 전문가 지원을 실시간으로 제공하여 정비 시간을 줄이고 고객 만족도를 높일 수 있었다.

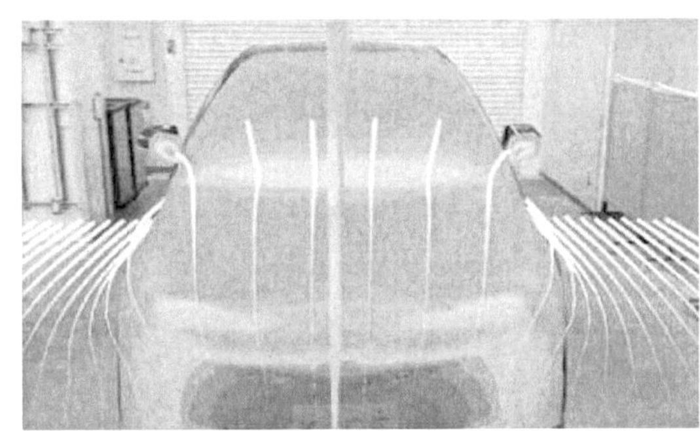

[그림 65] MR을 활용한 디자인 및 생산 지원(좌 : 도요타, 우 : 록히드 마틴)

---

30) 글로벌 XR 활용 최신 동향 및 시사점, SPRI, 2020.10

나. 의료[31]

최근 XR은 환자 수술 등 치료와 의료 인력개발 분야에서 성과를 나타내고 있다. 어그메딕스
(Augmedics)의 엑스비전(Xvision)은 AR 기반 척추 수술 지원 시스템이다. 의사는 AR로 구현
된 환자의 척추 구조를 수술 부위와 겹쳐서 볼 수 있어 정확한 수술 위치 파악 및 시술에 도
움을 받을 수 있다. 2019년 12월에 미국 식품의약국(FDA) 510(K) 승인을 받았으며, 2020년
6월 존스홉킨스(Johns Hopkins) 대학교에서 처음으로 엑스비전을 이용한 척추 수술을 성공리
에 마쳤다. 유사한 사례로, 센티AR(SentiAR)의 홀로그램 심장 절제 유도 시스템(Holographic
Cardiac Ablation Guidance System)인 커먼드EP(CommandEP)가 있다. 본 제품은 MR로
심장 수술 과정에서 필요한 환자의 해부학 정보를 시각화하여 제공한다. 2020년 9월 미국
FDA 510(K) 승인을 받았다.

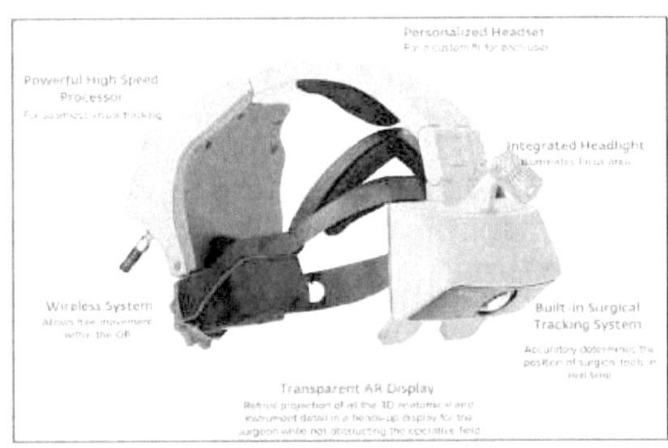
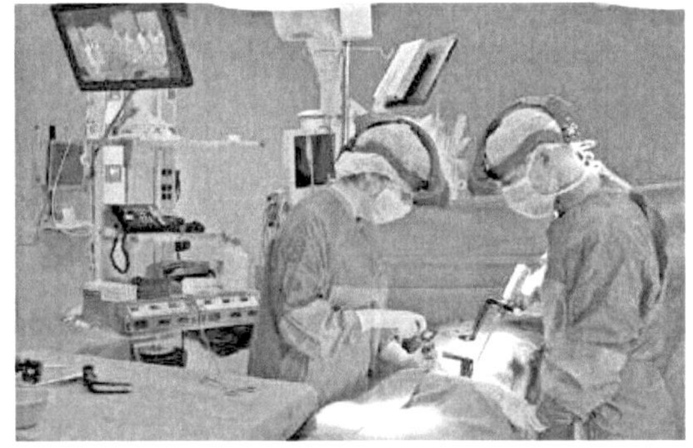

[그림 66] xvision AR HMD 및 수술 적용 사례

로봇 수술이나 시력회복 치료에 VR을 접목하는 시도도 이루어지고 있다. 바이칼리어스 서지
컬(Vicarious Surgical)은 VR기기로 로봇의 시야를 파악하고 조정하여 로봇팔 수술의 정밀도
를 높이는 수술 방법을 개발 중이다. 오큐트랙스(Ocutrx)는 시력 회복 및 보조를 지원하기 위
한 AR 글래스를 제작하고 있다.

의료 훈련 시뮬레이션을 위한 VR 활용도 늘고 있다. 오쏘 VR(Osso VR)이 개발한 VR 기반
의 외과의 훈련 프로그램은 월 1,000명 이상의 외과의 훈련에 쓰이고 있다.
J&J(Johnson&Johnson)는 자사 의료기기를 쓰는 미국 외과의들에게 오쏘 VR을 쓸 수 있는
150~200대의 VR HMD를 배포하고, 대신 외과의들의 VR 훈련 데이터를 획득할 계획이다. 이
외에도 가상 수술실에서 여러 사용자가 수술 시뮬레이션을 진행할 수 있는 펀더멘탈
VR(Fundamental VR), CT 스캐너(CT scanner), 시뮬레이션 훈련을 할 수 있는 이머즈
(Immerse) 등 의료 훈련을 위한 XR 활용이 늘어나고 있다.

---

31) 보건의료 분야 가상증강현실 기술 동향, 정보통신기획평가원, 2021.05.26

1) 의료보조도구

 구글 글라스와 같은 스마트 글라스를 의료환경에 통합하거나 필요한 기능을 도출하기 위해 30명의 마취학 의료인(간호사, 의사)을 대상으로 포커스 그룹 인터뷰가 진행된 사례가 있다. 이 인터뷰를 통해 조사에 참여한 의료인들은 스마트 글라스를 환자 관련 정보에 접근할 수 있는 중요한 도구이며, 마취 치료 중에 발생할 수 있는 다양한 상황을 통제하기 위해 노력하는 의료 전문가를 지원하는 도구로 여겼다. 하지만, 의료 분야에 활용될 잠재성이 크지만, 기술적 한계, 환자에 끼치는 영향 등 더 연구가 필요하다는 의견도 있었다.

 구글 글라스를 사용하여 수술 안전 점검표(Surgical Safety Ckecklist: SSCs)를 사용하는 방법이 다른 방법(포스터, 종이, 기억)에 비해 효율적이라는 연구도 있었다. 일반적으로 수술 안전 점검표를 사용하면 수술 합병증과 사망률을 크게 줄일 수 있다고 한다. 그래서 종이에 목록을 적는 방식으로 점검표를 관리하는 것이 일반적이다. 이 실험에서는 실험에 참여한 참가자에게 기존 점검표 방법(종이, 기억)과 스마트 글라스 앱을 이용한 방법 둘 중 하나를 체험하게 하였다. 점검표 앱에는 점검표를 선택하는 화면과 선택한 점검표의 항목을 표시하는 화면이 있었다. 실험 결과, 종이나 기억에 의존하는 방법에 비해 스마트 글라스 점검표 앱을 사용하는 경우가 더 쉬웠다.

 스마트 글라스를 이용한 증강현실 비뇨기과 수술의 안전성, 타당성, 그리고 유용성을 평가하는 연구도 있었다. 이 연구에서는 비뇨기과 외과의가 스마트 글라스를 사용하여 10가지 다른 유형의 수술과 총 31개의 비뇨기과 수술에 증강현실을 이용한 비뇨기과 수술을 수행하였다. 실험에 참여한 의료진과의 인터뷰 결과, 의료진들은 글라스를 이용한 사진이나 비디오 촬영, 교육을 위한 실시간 전송, 기록을 위한 영상 촬영, 수술 중 다른 의료진과의 협업, 환자의 의료기록 검색, 인터넷의 의료 관련 자료 검색 등에 유용할 것으로 생각한다고 응답하였다.

 Technical University of Munich(TUM) 에서는 의료인의 양손이 자유로운 상태를 유지할 수 있도록 홀로렌즈를 사용하는 연구가 진행되었다. 의료인들은 일상 업무 전반에 걸쳐 정보 시스템에 접속할 필요가 있다. 그러나 스마트폰이나 태블릿과 같은 기존의 스마트 장치는 양손이 필요한 의료 현장에서는 사용하기 어렵다. 이 실험에서는 상처를 치료하는 데 필요한 정보를 기록하거나 상처의 크기를 측정할 때 홀로렌즈를 이용하는 것과 일반적인 방법을 비교하였다. 실험 결과 스마트 글라스를 이용한 방법이 기존의 방법에 비해 성능과 만족도 측면에서 좋은 평가를 받았다.

 전 세계적으로 갑작스러운 심장 마비는 주요 사망 원인이기 때문에 응급 대응 시스템은 매우 중요하다. 하지만, 안타깝게도 소수의 환자만이 현장에서 심폐 소생술(CPR)을 받는다. Holo-BLSD는 현실적 시나리오를 재현하는 상호작용형 가상환경으로 표준 CPR 마네킹이 '증강'되는 증강현실 기반 자가 교육 훈련 시스템이다. 학습자는 인체 모형과 환경에 고정된 가상 3D 개체를 사용하여 자연스러운 제스처, 신체 움직임 및 음성 명령을 사용하여 작업을 수행할 수 있다.

2) 원격 협진

환자의 생명을 구하기 위해 스마트 글라스를 이용한 원격 협진에 관한 연구가 진행되었다. 버밍엄 앨라배마 대학교에서 개발한 VIPAR(Virtual Interactive Presence and Augmented Reality) 시스템은 초기에는 아이패드를 가진 원거리에 있는 의사와 현장의 의료진을 네트워크로 연결하는 시스템이었으나, 나중에는 구글 글라스와 같은 착용형 컴퓨터를 이용하여 연수생의 수술을 교육 지도자가 지도해주는 원격 수술에 이용되기도 하였다. 연수생은 구글 글라스를 착용하고 수술을 진행하며, 멀리 있는 지도자인 의사는 책상에 앉아 있고 손을 촬영하는 카메라를 설치하였다. 연수생이 착용하고 있는 구글 글라스의 영상이 원격지의 의사에게 전송된다. 지도자인 의사는 수신된 영상을 보면서 손으로 영상 위의 환부를 가리킨다. 이때 지도자의 모니터에 수신된 영상과 손을 카메라로 촬영하여 다시 수술실의 연수생에게 전송된다. 교육 지도자는 수술실의 연수생은 환자의 수술부위와 지도자의 손이 가리키는 부분을 구글 글라스의 디스플레이로 실시간으로 볼 수있다.

퍼듀대학의 STAR는 HMD와 빔프로젝터를 사용하는 시스템이다. 현장의 외과 의사는 카메라, 빔프로젝터, 그리고 AR HMD를 사용하며, 원격의 외과 의사에게는 현장에서 전송된 실시간 영상을 볼 수 있는 디스플레이와 글씨나 그림을 그릴 수 있는 응용프로그램이 설치된다. 현장에서 환자의 수술 부위를 천장에 부착된 카메라로 촬영하여 멀리 있는 외과 의사에게 전송하고, 원격의 의사는 영상을 전송받아 보면서, 글과 그림으로 수술 방법을 설명한다. 원격 의사의 지시사항은 현장의 의사에게 빔프로젝터 혹은 HMD를 통해 가시화된다.

도쿄여자의과대학은 증강현실을 이용하여 수술 도중 집도의가 의료용 화상 관리 시스템을 조작할 수 있는 솔루션 개발을 진행하고 있다. 수술을 집도하는 의사는 각종 장치나 키보드를 만질 수 없어 의료용 화상을 보려면 간호사나 스태프가 화상 관리 시스템을 조작해야 하는데, 이를 개선하기 위해 해당 솔루션을 개발하여 집도의는 화상 관리 시스템에 저장된 CT 데이터를 어느 위치에 삽입할지, 어느 위치에 배치할지 등을 손의 움직임으로 조작할 수 있다.

병원 이외의 지역에서 응급상황이 발생하였을 때 신속하게 의료 서비스를 제공하기 위한 증강현실을 이용한 응급환자 의료 서비스 모델에 관한 연구가 진행되었다. 이 연구는 도서·산간 지역과 같이 응급환자가 발생하였을 때 의료 서비스를 쉽게 받지 못하는 상황에 대응하기 위한 것이다. 제안 모델은 증강현실 IT 장비를 통해 응급환자의 증상을 원거리에 있는 의료진에게 신속히 전송하고, 의료진으로부터 적절한 응급조치 방법을 전달받아 환자를 치료하는 기능이 있다.

3) 교육/훈련/시뮬레이션

 일반적으로 간호학과나 유사한 보건의료 전공에서는 임상 시나리오에 대한 학습과 실무 학습을 위해 "표준화된 환자", 즉 모의 환자를 사용한 수업을 진행한다. 병원에 입원한 환자를 수련 중인 학생이 만나는 것은 환자의 치료 면에서나 학생 보호 측면에서 좋지 않다. 모의 환자는 일종의 배우가 그 역할을 담당한다. 의료인이 아닌 배우가 환자의 임무를 수행하도록 훈련하는 데 오랜 시간이 걸리며, 학생 수가 많으면 모든 학생이 충분한 시간동안 학습할 수 없으며, 큰 비용이 발생한다.

 이런 이유로 조현병 환자와 같이 일대일로 대하기 어려울 뿐만 아니라, 문제행동 상황에 따라 양쪽 모두 위험한 상황에 부닥칠 수 있는 경우 가상현실로 교육하는 것이 효과적이다. 목포대학교의 간호학과와 컴퓨터공학과 연구팀은 간호학과 학생들이 현장감 있는 의료실습을 수행하게 하도록 360 비디오를 이용한 간호 교육을 위한 가상현실 조현병 환자교육 플랫폼을 개발하여 대학 수업에 적용하였다. 360도 비디오 촬영을 위해 환자 역할을 하는 배우를 고용하였으며, 조현병 환자 관련 문제 시나리오에 따라 비디오를 제작하여 현실감 높은 교육 콘텐츠를 제공하였다.

 마이크로소프트의 홀로렌즈용으로 개발된 교육프로그램인 홀로페이션트(Holopatient)는 런던의 교육 회사인 피어슨 PLC(Pearson PLC)가 개발한 교육용 응용 프로그램 중 하나다. 사용자가 홀로렌즈를 착용하고 프로그램을 실행하면, 실제 크기의 3차원 환자 아바타가 눈앞에 실제로 나타난다. 따라서, 홀로렌즈를 이용한 가상의 모의 환자는 완전하진 않지만 앞서 언급된 여러 문제를 해결하는 데 도움이 될 것으로 예상된다. 호주의 SIT(Southern Institute of Technology)에서는 홀로렌즈와 홀로페이션트를 간호 교육에 활용하고 있다.

 간호사가 배워야 하는 핵심 수기술은 20여 가지 종류가 있으며, 각 수기술은 여러 단계를 순차적으로 수행해야 하는 어려운 기술이다. 예를 들어 수혈과정은 혈액 준비하기, 손씻기 등 여러 절차를 거쳐야 하며, 순서가 바뀌거나 오염이 발생하지 않도록 주의해야 한다. 이러한 순차적인 과정을 학습하기 위해 종이에 적어서 암기하는 방법이 일반적이나 스마트 글라스를 이용한 학습 방법이 제안되었다. 이 시스템은 훈련에 참여한 학생이 스마트 글라스를 착용하고 스마트 글라스에 보이는 핵심 수기술의 순서를 참고하여 실습을 진행할 수 있게 도와준다. 사용성 평가 결과 스마트 글라스의 사용성에 문제가 있지만, 실습에 유용한 도구라는 것을 알 수 있었다.

다. 교육[32)](#)

코로나19로 인해 원격 수업 수요가 증가하면서 가상 교육 환경을 제공하는 기업들이 성장하고 있다. VR 기반의 원격 회의/교육 공간을 제공하는 인게이지(Engage)는 2020년 반기 매출이 2019년에 비해 37% 증가하였다. 레노버(Lenovo)는 STEM(Science, Technology, Engineering, Mathematics) 교육, 유적지 체험, 진로 탐색 등 교육용 콘텐츠가 탑재된 교육 특화 VR 기기를 출시할 예정이다. 학습효과를 높이기 위해 인공지능 기술을 접목하여 피교육자와의 상호작용성을 강화하는 연구와 개발도 다양하게 진행되고 있다. 언어학습 플랫폼인 몬들리(Mondly)는 AR로 구현된 가상 교사 아바타(Avatar)와 대화하거나, VR 가상 상황 대화 시나리오 체험이 가능하다. 테일스핀(Talespin)이 개발한 VR 기반 기업인력 교육 프로그램은 피교육자가 가상 아바타와 대화를 통해 인사관리 등 특정 상황 업무 훈련을 수행한다.

[그림 67] XR 아바타를 활용한 교육 (좌: 몬들리, 우: 테일스핀)

테일스핀 프로그램을 활용하여 VR 기반 직무 교육 효과를 측정한 PwC 연구결과에 따르면, 교실에서의 대면교육과 이러닝(E-learn)을 활용한 교육보다 VR 교육이 교육시간 절감, 집중도, 학습효과 측면에서 더 향상된 결과를 나타냈다. 또한, VR 교육은 직원 교육 시간을 줄여 비용을 절감할 수 있어, 훈련 참여자 규모가 늘어날수록 다른 학습 방법에 비해 비용효율적일 수 있다고 분석하였다.

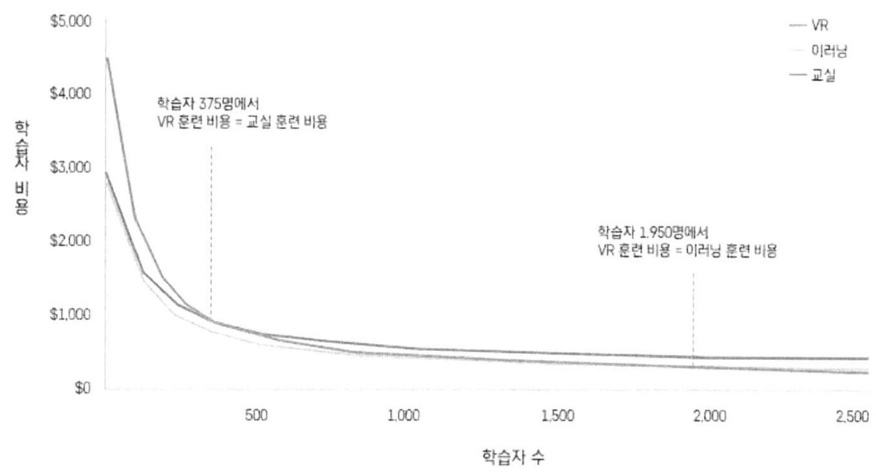

[그림 68] 훈련 방식에 따른 학습자별 비용

32) 가상·증강현실(XR)을 활용한 교육·훈련분야 용도 분석, 정보통신산업진흥원, 2020.12.23

1) 항공정비 교육훈련

 국내 항공기 정비는 외주 MRO[33] 비율이 높고, 외주 MRO는 대부분 해외에서 진행하고 있다. 국내 MRO 시장규모는 약 2.76조 원 수준이며, 그 중 해외 외주 MRO 비용은 약 1.26조원(46%)을 차지하고 있다. 항공 MRO 수행을 위해서는 모든 기종의 정비자격증을 보유해야 하는데, 국내는 인력과 인프라가 모두 부족하다. 항공정비의 경우 훈련 미숙으로 인한 사고가 발생하는 경우 중대재해를 초래하기 때문에 고위험 분야로 분류되며, 고숙련을 요구한다. 하지만 항공기의 경우 고가인데다가 부품수[34]도 많은 복잡한 전자기 장치로 실제 항공기를 대상으로 한 정비 실습은 사실상 불가능한 상황이다.

 이에 여러 기업에서는 가상현실과 증강현실을 이용하여 항공정비 교육훈련을 진행하고 있다. 보잉의 경우 MS 홀로렌즈와 Upskill의 Skylight 플랫폼을 이용하여 보잉 조립 프로세스 교육 훈련을 진행하고 있으며, 누베온은 MS 홀로렌즈와 NUVEON 플랫폼을 이용하여 항공엔진 정비 프로세스 교육훈련을 진행하고 있다.

[그림 69] 보잉 항공정비 교육훈련

[그림 70] 누베온 항공정비 교육훈련

 증강지능은 자사의 스마트안경과 자사 개발 플랫폼인 IAR-MA 플랫폼을 이용하여 착륙장치 정비 프로세스 교육훈련을 보조한다.

[그림 71] 증강지능 항공정비 교육훈련

---

33) MRO : 항공기의 안전운항과 성능향상 지원을 위한 항고기 기체, 엔진, 부품 등에 대한 정비 (Maintenance), 수리(Repair), 분해조립(Overhaul)
34) 에어버스 A380(4,770억 원), 보잉 777-9(4,560억 원) 등이며, 대형 비행기 부품은 약 200만 개가 소요(자동차의 부품 수는 약 2만 개)

2) 선박 건조 및 정비, 운항 교육훈련

조선업은 해운, 해양자원개발, 군수물자 조달 등을 위해 선박 제조 및 가공, 조립을 포함하며, 국내 조선산업은 세계 1위의 산업이다. 선박산업은 지속적으로 대형화, 고속사와 더불어 선종의 다양화가 진행되고 있으며, 인적 요인과 다양한 변수(기상·항해 환경 등)로 인한 고위험분야로 분류되며, 고숙련을 요구한다. 하지만, 선박은 고가에 운항장비가 연 120~150억원으로 교육단가가 높기 때문에 숙련 교육을 위한 운항 및 정비 실습에 어려움이 있다.[35] 또한, 선박 정비는 특성상 육상, 해상 등 야외에서 이루어져 위험에 대한 노출이 높아 전 산업평균 재해율의 1.74배에 이르기도 한다. 이처럼 조선업 인력 양성을 위해서는 교육이 필요하지만, 교육과 훈련시간이 길고 교육단가가 높기 때문에 단기에 전문인력을 양성하는 것이 어렵다.

그러나 점차 조선업의 안전에 대한 니즈가 높아지고 있으며, 이에 따른 교육훈련을 통해 숙련도 향상 방안을 모색해야 할 필요가 있다. 이에 여러 기업에서는 가상현실과 증강현실을 이용하여 선박 건조 및 정비, 운항 교육훈련을 진행하고 있다. 대우조선해양에서는 오디세이플러스와 VR파노라마 플랫폼을 이용하열 주요장비 운용 실습 교육을 진행하고 있으며, 현대중공업은 자율우항 보조기술에 AR을 이용하고 있다. 현대중공업의 자율우항 보조기술은 주변 선박과의 충돌위험을 판단하고, 이를 AR로 표현해준다.

[그림 72] 대우조선해양 운용 실습   [그림 73] 현대중공업 자율우항 보조기술

삼우이머션은 MS홀로렌즈와 자사의 VR 플랫폼을 이용하여 선박엔진 실습 프로세스 교육을 진행하고 있다.

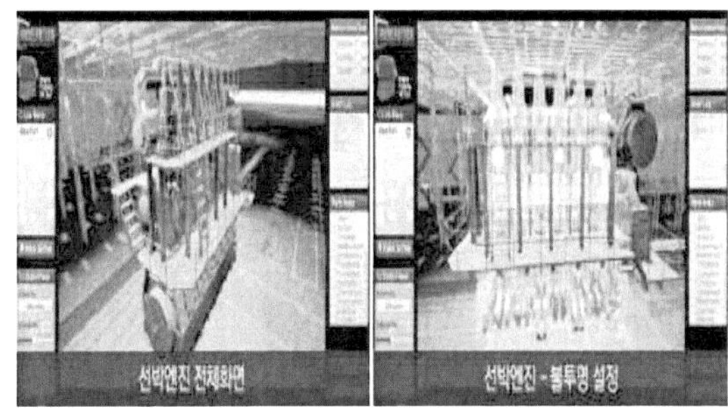

[그림 74] 삼우이머션 교육 플랫폼

---

35) 기관엔진의 교육을 위해 공간적·비용적(엔진1기 평균 58.7억원)의 고가 장비를 즉시 도입하여 교육 실습에 활용하기 매우 어려운 상황이며, 선박은 약 100만 개의 부품이 소요

3) CNC 교육훈련

CNC[36]는 공작기계 기능의 자동제어를 통해 부품 등을 정밀 가공하는 기계로, 스마트 제조 수요가 급증하고 있다. CNC 공작기계 시장규모는 2018년 835억 6천만 달러에서 2026년 1,288억 6천만 달러로 성장할 전망이다.

CNC 훈련장비는 대당 2,000~3,000만 원, 고급장비는 대당 약 1~5억원 정도의 가격대가 형성되어있어 교육장의 확산이 어렵다. 또한 이러한 고가의 장비를 초심자가 다루는 과정ㅇ세ㅓ 조작 실수로 인한 손실이 발생할 수 있으며, 작업자의 안전문제로 인해 VR 교육·훈련 수요가 증가하고 있다. 특히 CNC 장비는 크기가 크고 고위험 장비로 분류되고 있으며, 장비 유지보수 또한 난이도가 높으며, 비용이 높기 때문에 더욱 VR을 이용한 교육의 필요성이 증가하고 있다. 일례로, 한 업체에서는 외국인 근로자의 언어소통 및 장비조작 실수로 인해 약 1억 원의 수리비용이 발생하기도 했다. 이에 여러 기업에서는 가상현실과 증강현실을 이용하여 CNC 교육훈련을 진행하고 있다.

익스트리플은 오큘러스 HMD와 MS 홀로렌즈, Metavu 플랫폼을 이용하여 CNC 초급자 교육과 훈련 플랫폼을 개발하고 제공하고 있다.

[그림 75] MetaVu

빅스스프링트리는 VIVE와 오큘러스 HMD와 자사 플랫폼을 이용하여 다양한 교육 프로그램을 제공하고 있다.

BIGS4

[BIGSSPRINGTREE] 항공기

[BIGSSPRINGTREE] 텔레포트

[그림 76] 빅스스프링트리 교육 프로그램

---

36) CNC(Computerized Numerical Control) : 컴퓨터를 이용하여 선반(旋盤)이나 절삭기 등 공작 기계에 의한 가공을 제어

라. 유통

코로나19 이후 유통 분야에서 온라인 마케팅을 위한 XR 도입이 늘고 있다. 미국 소매 업체 중 마케팅 목적으로 AR/VR을 도입할 의향이 있는 업체 비중은 2020년 1월 기준, 8%에서 2020년 6월 기준, 21%로 증가하였다. 주요 관련 사례들을 보면 매장 방문이 어려운 상황에서 제품을 가상으로 체험할 수 있는 서비스들이 늘고 있다.

아마존(Amazon)은 기존에도 단일 가구나 장식품을 방안에 미리 설치한 이미지를 볼 수 있는 AR 앱을 제공해왔다. 최근 출시한 룸 데코레이터(Room Decorator)는 한 방 안에 여러 개의 가구나 장식품 배치를 시뮬레이션 할 수 있게 하여 소비자의 선택을 도와주었다. 선글라스, 고글 등을 판매하는 볼레(Bolle)는 AR앱을 통해 자사 선글라스 렌즈 종류에 따른 시야의 변화를 미리 보여주는 서비스를 출시하였다. 사용자는 김서림 방지(Anti-fog) 등 특정 렌즈 기능이 적용된 선글라스의 시야를 미리 체험해 볼 수 있어, 실제 안경 제품을 써보기 어려운 온라인 구매의 한계를 보완해 줄 수 있다.

OTR VR은 부동산 가상투어 서비스를 제공한다. 도로, 주차장, 나무 등 주변 환경부터 내부 인테리어와 창문을 통해 바라보는 전망까지 현실과 유사하게 구현하였다. OTR VR에 따르면, VR 가상투어 서비스를 통해 개별 아파트 판매 실적이 76% 증가하였다. 폭스바겐은 코로나19로 대면 모터쇼(Motor Show) 대신에 온라인 가상 모토쇼를 개최하였다. 실제 모터쇼처럼 배경음악을 송출하고, 360도로 관찰이 가능한 전시 차량, 차량의 색상과 휠 구성 변경 기능 등 온라인 모터쇼에서만 가능한 새로운 경험을 제공하고자 하였다.

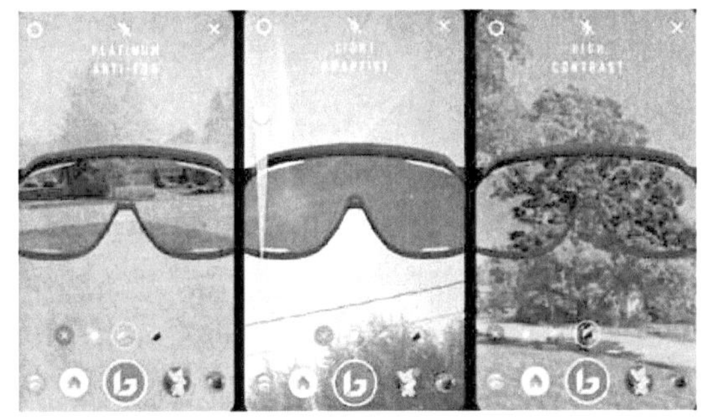

[그림 77] 유통 XR 활용 사례(좌: 볼레 선글라스 체험 AR앱, 우: 폭스바겐 가상 모터쇼)

마. 문화

　코로나19로 인해 비대면 온라인 공연, 행사, 여행, 소셜(Social), 여행 서비스 수요가 늘고
있다. 에스케이프 VR(Ascape VR)은 유명 관광지나 기념물을 VR로 둘러볼 수 있는 서비스
다. 세계적인 대형 전시 이벤트인 버닝맨(Burning Man)은 2020년에 처음으로 VR 공간에서
개최되었으며, 10개의 가상 공간에서 다양한 공연, 전시가 이루어졌다. 최근 페이스북은 소셜
VR 플랫폼, 호라이즌(Horizon)의 베타(beta) 버전을 출시하였다. 가상 공간에서 아바타로 구
현된 사람들과 대화, 게임, 축제 등을 즐길 수 있고, 자신이 머물고 싶은 가상공간을 직접 구
성할 수도 있다.

[그림 78] 버닝맨 가상공간 전시회

　영화 제작사인 트랜지셔널 폼스 스튜디오(Transitional Forms)는 AI를 접목한 인터액티브
(Interactive) VR 영화를 제작하였다. 관객은 이 영화에 등장하는 애니메이션 캐릭터
(Animation Character)들의 AI 학습 유형을 선택할 수 있다. 선택 유형에 따라 캐릭터들의
성격이 달라지고 새로운 영화 스토리가 만들어진다. 제작진은 AI를 캐릭터 행동 및 대화, 배
경 등 영화 제작의 모든 부문에 활용할 수 있게 된다면 더욱 다양하고 흥미로운 이야기 전개
가 가능할 것으로 기대하고 있다.

[그림 79] VR 영화/게임 아겐스

바. 국방

국방 분야에서 XR은 주로 훈련 및 전장 정보 제공의 목적으로 활용되고 있다. 미국 공군의 가상 시험 및 훈련 센터(Virtual Test and Training Center, VTTC)는 비행 조종사들의 공중전 시뮬레이션을 위해 설립되었다. 공중전 훈련은 매우 위험하고 실제 전투기들이 추락하는 사고도 발생한 바 있어 XR을 활용한 훈련이 안전하고 효율적인 대안으로 주목받고 있다.

훈련 효과를 높이기 위해 XR 기반 훈련 과정의 현실성을 높이기 위한 노력도 이루어지고 있다. VR 기반 군인 훈련 프로그램을 제공하는 스트리트 스마츠 VR(Street Smarts VR)은 주변 날씨, 시간대, 인구 특성 등 다양한 환경변수를 반영한 현실적인 훈련 시나리오를 제공한다. 심센트릭(Simcentric)이 제공하는 VR 기반 전투 훈련 프로그램은 게임제작에 사용되는 3D 제작 플랫폼 기반의 고해상도 사운드와 그래픽으로 구성되어 훈련의 몰입감을 높였다. 스트리트 스마츠 VR은 미 공군 글로벌 스트라이크 사령부(U.S. Air Force Global Strike Command, AFGSC)와 공급계약을 체결하였고, 심센트릭도 영국 국방부의 시험(Trial) 단계에 있다.

AR은 실시간 전장 정보를 파악하는 데도 유용하다. 엑스텐드(XTEND)는 '안티 드론(Anti-Drone)' 작전에 활용될 수 있는 AR 기술을 개발하였다. AR 글래스를 통해 아군 드론의 시야를 실시간으로 공유받아 적 드론을 공격·포획할 수 있다. 미군은 병사들에게 지도, 아군 위치 등 실시간 전장 정보를 전달할 수 있는 전투용 MR HMD 기술이 적용된 통합 비주얼 증강 시스템(Integrated Visual Augmentation System, IVAS) 개발을 준비해왔으며, 2021년 예산안에 4만여 개의 MR HMD 조달안을 포함하였다.

사. 건설[37]

2018년 국토교통부는 건설 분야 생산성 향상 및 안전성 제고를 위해 4차 산업혁명에서 다루고 있는 최신 정보통신 기술을 건설 분야에 접목해서 생산성을 향상시킬 수 있는 「스마트건설기술로드맵」을 발표했다. 이는 건설현장의 고령화, 위험작업 기피현상 심화, 숙련 인력의 급격한 감소, 근로시간 단축, 외국인 노동자 증가 등에 따른 대응 전략 마련의 필요성이 부각됨에 따라 건설 분야 혁신을 위한 성장산업에 투자하면서 미래 시장을 선도하고자 하는 정부의 의지가 내포되어 있다.

스마트 건설 기술은 건설 분야에 최신 ICT 기술을 접목하여 새로운 산업을 육성하기 위한 전략의 일환으로 3D 모델링 기술인 BIM(Building Information Modeling), 로봇, 드론, 빅데이터, IoT, AI, 가상/증강현실, 모바일 등을 융합하여 건설 전 단계에 걸쳐 건설기술을 스마트화하는 것을 말한다. 특히, 3차원 설계 기술인 BIM을 기반으로 XR(eXtended Reality)을 포함한 최신 가상현실 기술과 첨단 센서 등을 융합한 새로운 시장에 대한 요구가 급속히 증가하고 있다.

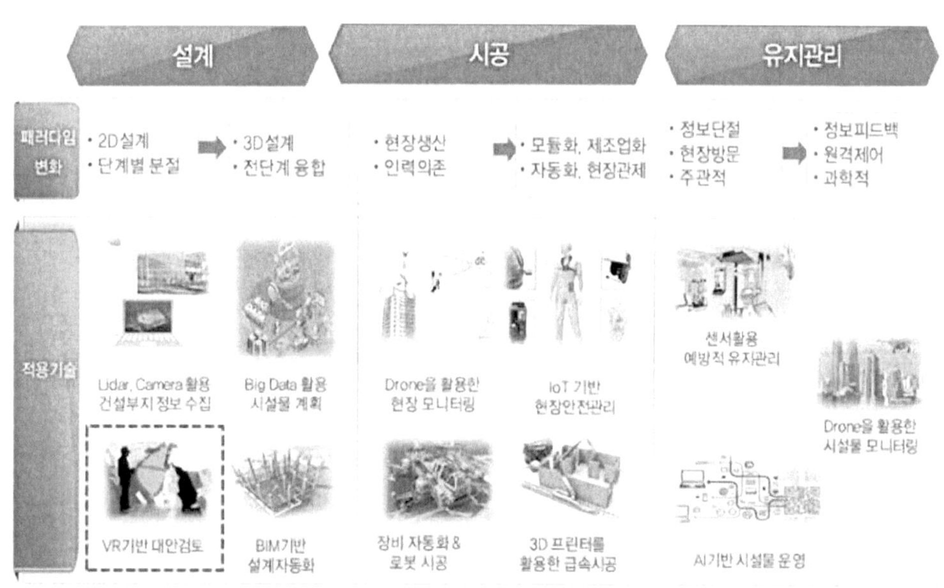

[그림 80] 국토교통부의 스마트건설기술 로드맵

가상현실 기술은 건설 분야 설계단계, 증강현실과 혼합현실 기술은 건설 시공이나 유지관리 분야에서 활용 가능성이 높다. 미국의 AECOM과 Marquette 대학 등에서는 도시설계, 건축물 설계, 도로설계 검토 등에서 VR 기술을 기반으로 한 의사결정에 활용하고 있고, 핀란드 국립연구소인 VTT 나 미국의 Bentley에서는 시공/유지관리 분야에서 증강현실 기술을 주로 활용하고 있으며, 재난사고가 빈번한 일본은 가상현실 기술을 활용하여 재난, 재해 시뮬레이션에 활용중이다. 그 외에도 시공교육, 유지관리, 원격 협업 분야에도 활발하게 사용 중이다.

---

37) 가상현실 기반 건설 시뮬레이션 기술 동향, 주간기술동향, 2021.07.21

[그림 81] 건설 분야에 활용 중인 가상현실 기술

국내에서는 건설 분야에 가상현실 기술을 접목하기 위한 다양한 사례가 최근 발표되고 있으나 주요 의사결정 지원, 프로젝트 수주 지원이나 대형 건설사들이 아파트 분양 등의 홍보를 위해 사이버 모델하우스에서 활용하는 등 현업을 대체하기 위한 용도로 활용되는 사례는 많지 않다. 최근 3차원 모델링 기술인 BIM이 의무화되면서 Revit, Rhino 등 3D 모델링 저작도구와 호환되는 가상현실 Third Party 도구를 활용하여 설계검토를 하는 사례는 증가하고 있으나 현업 적용이 아닌 테스트 수준에 머무르고 있다.

1) 건축설계

건축 모델을 VR/AR 기반의 혼합형 현실(Mixed reality) 기술과 연동하고 상호작용할 수 있도록 하여 건설업계의 기존 건축 설계 방식에 혁신을 불어넣고 있다. 미국의 트림블(Trimble)사는 마이크로소프트사와의 협업을 통해 혼합현실 장비인 홀로렌즈의 웨어러블 홀로그래픽 기술을 활용하여 빌딩 및 구조 설계 작업의 효율성 개선을 도모하였다. 시공현장에서 직관적으로 3D 도면 데이터 확인이 가능하고, 원거리에 있는 업체들 간에 협업을 실시간으로 할 수 있는 장점이 있다. 이는 전문가에 국한된 것이 아니라 비전문가도 자유롭게 도면을 검토할 수 있고 정보를 쉽게 검색할 수 있다.

국내 3D 공간데이터 플랫폼 스타트업 어반베이스는 기존의 건축물의 평면도를 3D로 변환하는 것을 넘어서 AR 기술을 기반으로 건축전문 3D 클라우드 기반의 증강현실 프레젠테이션 서비스인 'AR스케일'을 개발하였다. 건축 전문가가 실제 자기의 건축 설계안을 다른 사람들에게 보여주기 위해 실제 모형을 제작하지 않고 AR스케일을 통해 1:1 스케일 모드를 활용하여 실제 건축부지에 3D 모델을 띄어 주변 환경과 건축물의 조화를 미리 확인할 수 있는 특징이 있다.

[그림 82] 혼합형 현실 기반의 건축 설계   [그림 83] AR 스케일

2) 시설물 관리

2018년 12월에 고양시에서 지하시설물 점검을 제대로 하지 않은 상태에서 지하 공사 도중 온수배관 파열로 인한 인재가 발생하였다. 정확한 온열 배관 위치만 알았다면 인재를 막을 수 있었던 안타까운 사고가 발생한 것이다.

캐나다 스타트업 기업 Meemim은 지하 시설물 관리를 위해 공간정보를 AR 기술을 통해 시각화할 수 있는 솔루션을 제공하고 있다. Meemim의 'vGIS' 앱은 Microsoft와 Esri의 협업을 통해 GIS와 AR 기술, 그리고 클라우드 기술을 기반으로 만들어진 서비스이다. 해당 서비스는 도로 아래, 즉 지하에 있는 시설물을 위치 데이터와 LiDAR 스캔 기능을 통해 3D 모델화시킨 후 렌더링 작업을 통해 보다 시각적으로 입체감 있게 보여준다. 더불어 vGIS앱을 통해 현장 근로자는 지하 시설물에 대한 관리 작업을 보다 정확하고 짧은 시간 안에 끝낼 수 있다.

국내 기업 차후사는 "Smart Facility Management System" 개발을 통해 지하 시설물 배수 관로에 대한 위치를 AR 기술을 기반으로 정확히 파악할 수 있어 지하시설물 관리의 종합적인 시스템화가 가능할 것으로 보인다. 특히, 과거에 매설된 관로에 대해서 보유하고 있는 자료를 변환하여 중요한 전력선 및 상수도관 등의 사전 탐지가 가능할 것이며, 효과적이고 체계적인 지하시설물 관리를 위해서 도면 없이 AR 기술을 토대로 주변 관리에 대한 위치 파악이 가능해져서 굴착 사고를 미연에 방지할 수 있다.

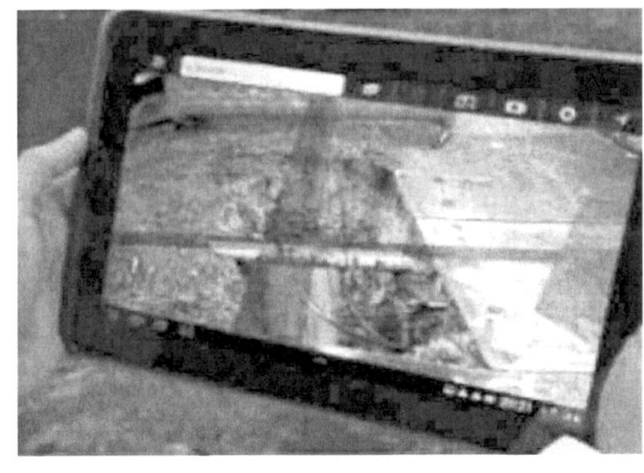

[그림 84] AR기술 기반 지하 관로 뷰   [그림 85] vGIS 앱 사용된 뷰(Meemim)

3) 건설 교육

위험한 현장에서 다루는 건설산업 특성상 가상증강현실 기반의 교육은 매우 중요한 기술이다. 건설 교육의 안전성을 위해서 증강현실보다 주로 가상현실 기술을 기반으로 다양한 훈련에 활용되고 있다. 해외 건설사인 Gammon은 VR 기술을 통해 근로자들에게 굴착 교육을 시행하고 있다. 특히, 현장 소음에 의해 기존 교육자와 근로자 간의 대화 자체가 불가능했지만, VR 기술을 통해 위험하지 않은 공간에서 쌍방의 대화가 가능하며 일반 굴착 강의 교육보다 전달력이 높고 효율적으로 진행할 수 있어 근로자들의 만족도가 매우 높다고 한다.

국내의 경우 코오롱베니트사와 국내 VR 전문기업 엠라인스튜디오사는 건설 현장의 안전 사고 예방을 위해 VR 기술을 활용한 'VR산업안전교육'을 개발하였다[8]. 특히, 건설 현장 안전담당자와 함께 건설 안전사고의 다양한 시나리오(추락, 낙상, 감전, 충돌, 화재, 차량전복, 협착 등) 10대 주요 사고 중 8종의 사고 유형을 적용하였다. 체험 불가능한 사고 상황에 대해서 가상현실 기술을 적용하여 시각효과와 진동효과를 접목시켜 안전사고에 대한 경각심과 함께 근로자의 사고 대비에도 교육할 수 있는 효과가 있다.

[그림 86] VR 기반 굴착 교육

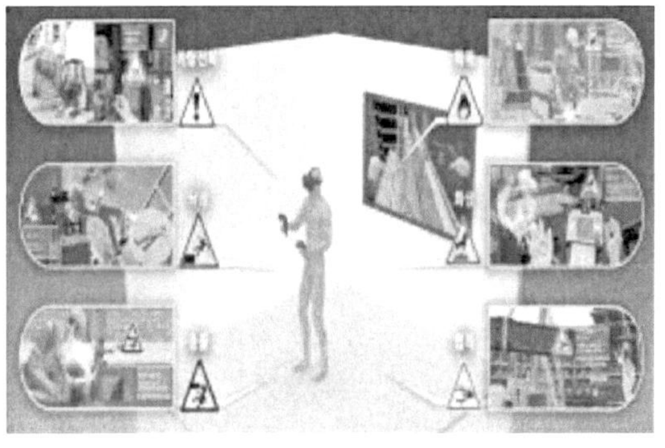

[그림 87] VR산업안전교육

4) 화재 및 소음 시뮬레이션 기술

3D 모델을 기반으로 VR 기술은 사전검토에 효과가 높아 화재 및 소음 시뮬레이션에 활용 시 매우 큰 효과를 발휘할 수 있다. 화재 시뮬레이션은 화재의 발화위치, 화재 사이즈 등을 임의로 조정할 수 있고 3D 모델 속성 정보가 연동되어 나무, 콘크리트, 단열재 등에 따라 불길 및 연기가 번져나가는 속도를 시뮬레이션할 수 있으며 가상현실 환경에서 트레드밀 같은 장비를 활용하여 실제로 대피 훈련 수행도 가능하다. 이 기술은 기존 기술이 할 수 없는 사용자 경험기반 소방설계에도 활용이 가능하기 때문에 확대 활용 가능성이 매우 높다.

또한, 도로공사 및 건축공사 시 소음은 중요한 민원으로 공기를 지연시키거나 갈등을 발생시키는 등 사회문제를 일으켜 왔다. 이에 도로공사 전이나 후, 또는 건축공사 전에 소음을 사전에 체험하여 민원을 최소화할 수 있는 콘텐츠를 제작하였으며 도로위의 교통량, 방음펜스 크기, 사용자의 경험 등을 기반으로 소음을 체험할 수 있는 시뮬레이션 기능을 개발하였다.

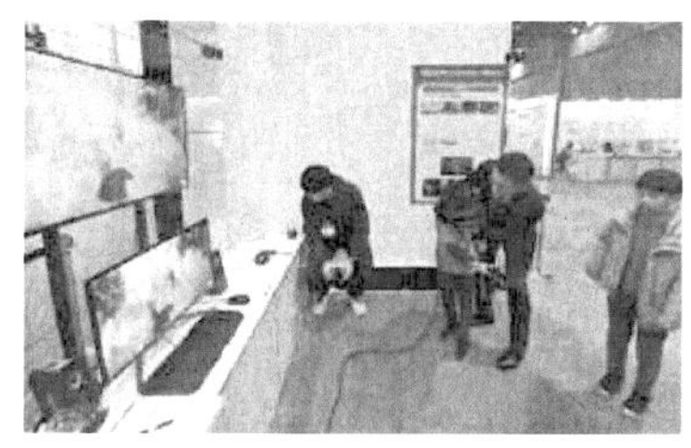

[그림 88] 가상현실 기반 화재 시뮬레이션

[그림 89] 가상현실 기반 소음 시뮬레이션

07

가상융합기술 기업 동향

7. 가상융합기술 기업 동향[38][39]

가. 해외기업

1) Sony

[그림 91] 소니

소니는 일본의 다국적 기업으로, 전자기기, 게임, 엔터테인먼트, 금융 등이며, 음향/영상기기, 방송기재에서 독보적인 위치를 차지하고 있다. 소니는 소비자 및 산업 시장을 위한 전자 기기와 장치를 제공하며, 고객 지원 서비스를 전 세계로 확대하고 있다. 소니의 주요 가상융합기술 제품은 헤드 마운트 디스플레이(HMD)와 소프트웨어로 구분할 수 있다.

카테고리	제품 및 솔루션
헤드 마운트 디스플레이 (HMD)	• SmartEyeglass • PlayStation VR
소프트웨어	• Software Development Kits (SDKs)

[표 26] Sony 주요 제품 제공 현황

최근 소니는 자사 비디오게임기 '플레이스테이션'에서 가상현실(VR) 게임을 즐길 수 있는 'PlayStation VR(PSVR)'의 차세대 모델 개발 계획을 발표했다. PSVR 차세대 모델 해상도는 한쪽 당 2000×2040 픽셀로, 양쪽 합치면 4000×2040 픽셀이 되며, 시선 추적 기능을 강화해 시야의 중간 부분만을 또렷하게 표현하는 '포비티드 렌더링(foveated rendering, 초점 렌더링)도 지원한다.

차세대 PSVR의 개발코드네임은 'NGVR(Next Generation VR)'이고 디스플레이는 HDR OLED(유기EL)를 채용해, 초대 PSVR보다 10도 넓은 110도의 시야각을 확보한다. 이 밖에도 렌더링 방법으로 포비티드 렌더링 뿐 아니라 '플렉서블 스케일링 레졸류션(Flexible Scaling Resolution, 유연한 확장 해상도)'라는 기술을 지원하며 이에 따라 기존 PSVR용 타이틀의 성능을 향상시키는 게 가능해질 전망이다.[40]

---

38) 가상 현실 시장, 글로벌 시장동향보고서, 연구개발특구진흥재단, 2021.03
39) 증강 현실 시장, 글로벌 시장동향보고서, 연구개발특구진흥재단, 2021.03
40) 소니, 차세대 플레이스테이션 VR 기술 공개, 테크튜브, 2021.08.06

2) Oculus

[그림 92] 오큘러스

오큘러스는 2012년 8월 킥스타터(Kickstarter ; 미국 크라우드 펀딩 사이트)에서 오큘러스 리프트 개발자 버전(Oculus Rift DK1)을 선보였다. 그리고 한 달 만에 240만 달러 정도의 투자를 받아서 VR HMD(Virtual Reality Head Mounted Display)를 개발하는 오큘러스 리프트 벤처회사를 창립했다. Oculus Rift, Oculus Touch와 같은 가상 현실(VR) 기술 제품의 개발 및 제조를 업으로 하고 있다.

오큘러스에서 개발된 제품들은 주로 모험, 액션, 격투, 공포, 교육 등 다양한 카테고리의 비디오 게임에 활용되고 있다. 오큘러스는 그동안 연구개발(R&D)에 막대한 투자를 했고 Facebook(미국)의 지원을 받아 가상 현실(VR) 시장에서 중요한 역할을 하고 있다. 오큘러스의 제품은 크게 헤드 마운트 디스플레이(HMD), 하드웨어, 소프트웨어로 나누어볼 수 있다.

카테고리	제품 및 솔루션
헤드 마운트 디스플레이 (HMD)	• Oculus Rift • Oculus Go • Oculus Rift Core 2.0
하드웨어	• Oculus Touch
소프트웨어	• Development Kit 2

[표 27] Oculus 주요 제품 제공 현황

최근 2020년 10월 출시된 오큘러스 퀘스트2가 출시 후 약 1년만에 누적 출하량 1천만 대를 돌파했다. 오큘러스퀘스트2는 PC에 연결하지 않고 헤드셋에서 모든 콘텐츠를 구동할 수 있는 최초의 스탠드얼론 VR 헤드셋 오큘러스퀘스트의 후속작이다. 전작보다 10% 경량화 된 503g의 무게, 서브화소까지 포함해 2배 이상 증가한 화소, 꾸준한 업데이트를 통해 120Hz의 초당 주사율 지원 등의 기능을 갖춘 것이 특징이다.[41]

---

41) 오큘러스퀘스트2, 1년만에 판매량 1천만대 돌파, ZDNet, 2021.11.26

3) HTC

[그림 93] HTC

 HTC Corporation은 대만에 본사를 둔 스마트 모바일 기기, 커넥티드 기술, 가상 현실(VR) 분야의 세계적인 혁신 기업으로 HTC는 가상 현실(VR) 시장에서 헤드셋 가상현실(VR) 기기인 HTC Vive를 고안했다. HTC의 가상현실 제품을 살펴보면 아래 표와 같다.

카테고리	제품 및 솔루션
가상 현실(VR)	• HTC Vive Pro • HTC VIve • VIVE Tracker • VIVE Deluxe Audio Strap • VIVEPORT

[표 28] HTC 주요 제품 제공 현황

 최근 HTC 바이브는 차세대 가상현실(VR) 헤드셋과 소프트웨어 솔루션을 발표했다. HTC 바이브는 이를 통해 산업용 VR 시장에서 주도적인 역할을 강화한다는 계획을 가지고 있다. HTC 바이브(VIVE)가 선보인 차세대 가상현실(VR) 헤드셋은 바이브 포커스 3(VIVE Focus 3)와 바이브 프로 2(VIVE Pro 2) 2종이다. 바이스 포커스 3는 PC 없이 사용할 수 있는 독립형 VR 헤드셋이며, 바이브 프로 2는 PC 기반 전문가용 VR 헤드셋이다. 이들 제품은 5K급 (4896x2448) 해상도를 자랑하며, 이전 세대보다 대폭 업그레이드된 것이 특징이다.

 PC 없이 사용할 수 있는 독립형 VR 헤드셋 바이브 포커스 시리즈의 최신작인 바이브 포커스 3는 하드웨어적으로 이전 세대보다 대폭 업그레이드된 것이 특징이다. 기존에 90°~110°에 불과했던 시야각(FOV, Field Of View)이 120°로 넓어져 더욱 넓은 공간감을 제공한다. 특히 디스플레이는 RGB 서브픽셀 방식의 5K급 해상도(4896x2448)를 사용, 기존 포커스 시리즈 대비 수치상으로는 260%, 면적 기준으로는 약 6배 가까이 향상됐다. 더욱 높아진 해상도만큼 고질적인 격자무늬 현상은 줄어들고, 더욱 정교하고 선명한 가상현실을 구현할 수 있다. 또한, 기존 60Hz에 불과했던 디스플레이의 주사율 역시 90Hz로 약 50% 더 높아졌다. 주사율이 높을수록 잔상은 줄어들고, 프레임 간 간격이 줄어들어 더욱 부드럽고 선명하고 매끄럽게 움직이는 VR 환경을 제공한다.

바이브 프로 2는 포커스3와 같은 5K급(4896x2448) 해상도와 120도의 시야각을 제공하는 것은 물론, 기존 바이브 시리즈의 2배, 포커스 3보다 30% 이상 더 높은 더 높은 최대 120Hz의 주사율을 지원함으로써 기존 바이브 시리즈 대비 더욱 정교하고 광범위하며 매끄럽고 자연스러운 VR 환경을 제공한다. 또한, 이처럼 향상된 VR 환경을 화질 저하나 지연 없이 제공할 수 있도록 엔비디아 및 AMD와 협력, 영상 데이터를 압축해 전송하는 '디스플레이 스트림 컴프레션(DSC)' 기술을 PC 기반 VR 헤드셋 최초로 지원한다.[42]

[그림 94] HTC 바이브 프로 2

---

42) HTC 바이브 신형 VR헤드셋 2종, 산업용 VR 속도 낸다, IT조선, 2021.05.15

4) Google

[그림 95] Google

구글은 '페이지 랭크'라는 독자적인 검색 알고리즘을 개발해 검색 시장을 장악하고 성장한 세계 최대 인터넷 검색 서비스 회사다. 구글은 전 세계 60개국 이상에 지사를 두고, 130개가 넘는 언어로 검색 인터페이스를 제공하고 있다. 하지만 구글은 검색 포털에 그치지 않고 다양한 산업군으로 사업을 확대하고 있으며, 가상현실과 증강현실도 이 중 하나다. 구글의 제품은 크게 헤드 마운트 디스플레이(HMD), 소프트웨어 개발 키트(SDK), 소프트웨어 및 앱, 증강현실(AR) 안경으로 나눌 수 있다.

카테고리	제품 및 솔루션
증강현실(AR) 안경	• Google Glass
헤드 마운트 디스플레이 (HMD)	• Glass • Cardboard
소프트 웨어 개발 키트(SDK)	• ARCore
소프트웨어 및 앱	• Tilt Brush • Earth VR • Expeditions • Jump • Google Lens • Development Tools

[표 29] Google 주요 제품 제공 현황

최근 미국 온라인 테크 매체 나인투파이브는 구글이 AR 기반 스마트 글래스 출시를 목적으로 신규 프로젝트를 진행중이라고 발표했다. 이는 구글의 신규 프로젝트가 아마존의 지원을 받은 스마트 글래스 개발사 노스(North)를 인수한 후 적극적으로 추진되고 있다는 점에 기인한다. 43)

---

43) 구글, AR 스마트 글래스 출시할 신규 프로젝트 준비 중, 코딩월드뉴스, 2021.12.31

5) PTC

[그림 96] PTC

PTC는 컴퓨터 소프트웨어 제공 업체로, CAD(Computer-Aided Software), PLM(Product Lifecycle Management), ALM(Application Lifecycle Management)및 SLM(Service Lifecycle Management)를 개발 및 판매 중이다. PTC는 솔루션 그룹과 기술 플랫폼 그룹의 2개 사업부를 통해 운영되고 있다. PTC의 주요 제품은 크게 Vuforia, 3D 캐드 소프트웨어, PLM 소프트웨어로 나눌 수 있다.

카테고리	제품 및 솔루션
Vuforia	• AR technology platform
3D 캐드 소프트웨어	• Creo
PLM (Product Lifecycle Management) 소프트웨어	• Windchill

[표 30] PTC 주요 제품 제공 현황

최근 PTC 코리아는 자사의 뷰포리아(Vuforia) 엔터프라이즈 증강 현실 제품군(Enterprise Augmented Reality Suite, AR)이 3년 연속으로 테크놀로지 그룹(teknowlogy Group)의 PAC 레이더(PAC Radar) 공급업체 분석에서 최고점을 획득했다고 밝혔다. 이 분석 결과는 "산업 시장을 위한 개방형 디지털 플랫폼"이라는 보고서에 담긴 내용으로, PTC는 '시장 경쟁력'과 '역량' 부문 모두에서 최고점을 기록하며 "동급 최고" 그룹에 선정됐다.

보고서에 따르면 PTC가 오늘날 커넥티드 노동자들을 위한 AR 플랫폼 공급업체 중 동급 최고로 평가된 이유는 크게 3가지이다. PTC는 여러 사용 사례 및 서로 다른 기술 수준에 대해 폭넓은 솔루션 포트폴리오를 제공하는 유일한 공급업체다. 이에 기업에서는 딥 코드(Vuforia Engine™), 로우 코드(Vuforia Studio™), 노 코드(Vuforia Expert Capture™, Vuforia Instruct™, Vuforia Chalk™)등 기술 레벨에 맞춰 제품을 선택할 수 있다. 두 번째 이유로 꼽힌 것은 IoT, AI, SaaS, 공간 컴퓨팅과 같이 급부상하는 기술들과 AR의 완벽한 통합을 제

공하는 유일한 공급업체라는 부분이다. 세 번째로, PTC는 미래 AR 통합에 대해 강력한 비전을 보유하고 있으며, 전체적인 작업 절차에 걸쳐 긴밀하게 통합한 솔루션을 제공하기 위해 뷰포리아 포트폴리오 요소들의 결합을 지원한다.44)

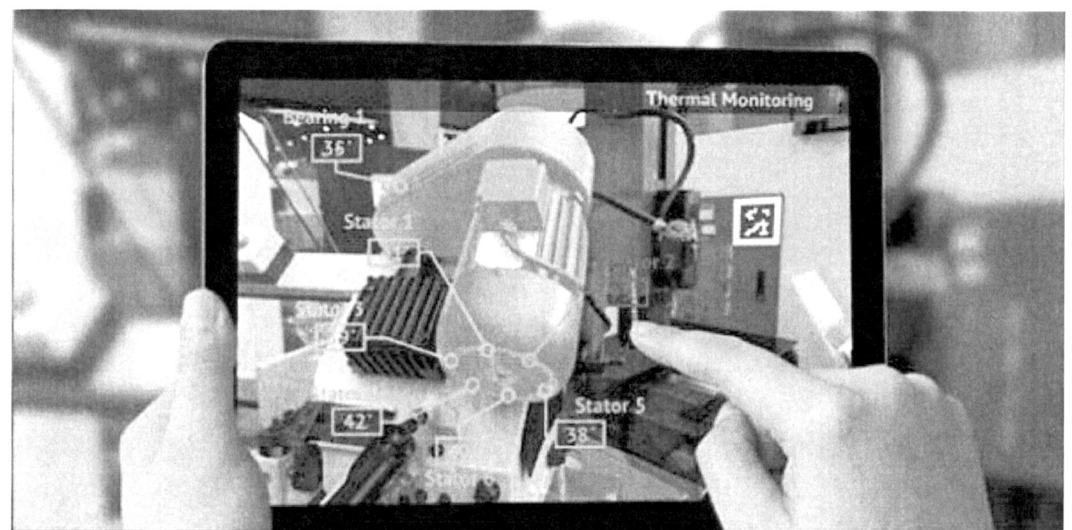

[그림 97] Vuforia

---

44) PTC 증강현실 제품군, PAC 레이더 공급업체 분석에서 최고점 획득, ICNWeb, 2021.11.02

6) Epson

EPSON®
EXCEED YOUR VISION

[그림 98] Epson

 Epson은 인쇄, 시각 통신, 웨어러블 및 산업용 애플리케이션을 위한 제품을 개발, 제조, 판매 및 제공하고 있는 업체다. Epson은 잉크젯 프린터, 디지털 인쇄 시스템, 프로젝터, 산업용 로봇, 스마트 안경, 감지 시스템 및 기타 제품을 제공하고 있으며, 프린팅 솔루션, 비주얼 커뮤니케이션, 웨어러블 및 산업용 제품 및 기타의 4 개 사업 부문을 통해 비즈니스를 운영하고 있다. Epson의 증강현실 주요 제품은 스마트 안경이다.

카테고리	제품 및 솔루션
스마트 안경	• Smart glass (Moverio)

[표 31] Epson 주요 제품 제공 현황

 Epson은 2019년 모베리오(Moverio) BT-30C를 출시했는데, BT-30C는 스마트폰 화면을 안경알 부문에 투사하는 제품이다. 안경알에는 1280 x 720 해상도 OLED가 배치되고, OLED는 10만:1 콘트라스트를 표현, 눈 앞 2.5m 거리에 40인치 화면을 만든다. 엡손 모베리오 BT-30C의 OLED 화면 및 본체 크기는 195 x 174 x 40㎜, 무게는 95g로 일반 안경보다는 다소 크고 무겁다. 본체에는 지자기 센서와 가속도 및 자이로 센서가 탑재되어있다.[45]

[그림 99] 모베리오 BT-30C

---

45) 엡손, 미러링 스마트글래스 '모베리오 BT-30C' 출시, IT조선, 2019.05.28

7) Microsoft

[그림 100] 마이크로소프트

마이크로소프트는 1975년 빌 게이츠(BillGates)가 폴 앨런(PaulAllen)과 함께 설립한 다국적 기업이다. 본사는 미국 워싱턴 주(州) 레드먼드 시에 있으며, 컴퓨터 기기용 소프트웨어 및 하드웨어를 개발·판매한다. 주요 사업 분야는 윈도 운영체계, 윈도 서버시스템, 온라인서비스, 비즈니스용 소프트웨어, 엔터테인먼트 및 모바일 디비전 등이다. 마이크로소프트의 증강현실 제품은 헤드 마운트 디스플레이(HMD)와 클라우드 컴퓨팅 서비스로 나눌 수 있다.

카테고리	제품 및 솔루션
헤드 마운트 디스플레이(HMD)	• Microsoft Hololens
클라우드 컴퓨팅 서비스	• Azure

[표 32] 마이크로소프트 주요 제품 제공 현황

2019년 마이크로소프트가 출시한 홀로렌즈2는 증강현실(AR) 및 혼합현실(MR) 디바이스로, 자체적으로 소형 컴퓨터를 내장해 스마트폰이나 PC 없이도 정교한 가상 오브젝트를 현실 공간에 표현할 수 있다.

특히 기존의 AR 디바이스나 솔루션이 단지 주변 현실에 가상 오브젝트를 겹쳐 표시하는 데 그치는 반면, 홀로렌즈는 현실 공간에 표시된 가상 오브젝트와 사용자가 상호 작용까지 가능해 단순 AR을 뛰어넘은 본격적인 MR을 구현한다. 2세대 제품 홀로렌즈2는 1세대 제품보다 2배 이상 넓어진 시야각으로 각종 가상 오브젝트를 시야 내에서 더욱 크고 선명하게 표현할 수 있다. 또 인공지능(AI) 기술을 적용한 심도 센서는 사용자의 주변 공간을 더욱 정확하게 파악하고, 사용자의 손동작도 정교하게 감지한다. 덕분에 홀로렌즈2는 기존의 가상현실(VR) 및 AR 디바이스에서 요구하는 별도의 전용 컨트롤러가 필요 없다. 손동작만으로도 가상 오브젝트와 애플리케이션을 쉽고 효과적으로 다룰 수 있다.

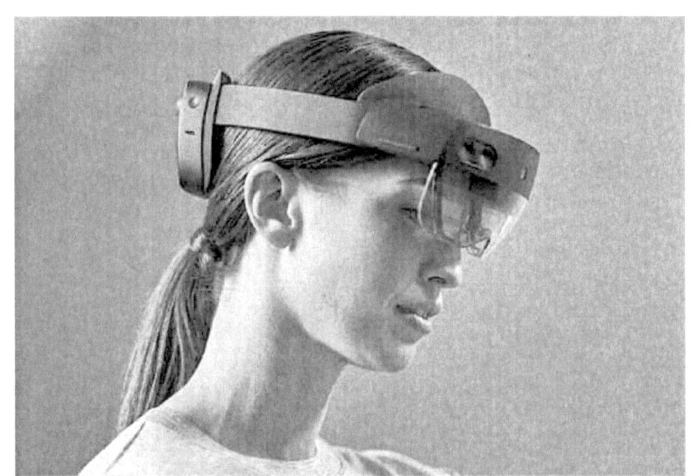

[그림 101] 마이크로소프트 홀로렌즈 2

　기존의 VR 및 AR 디바이스가 눈앞에 작은 스크린을 배치해 가상 이미지를 그리는 것과 달리, 홀로렌즈2는 레이저 광원으로 그려낸 홀로그램 이미지를 사용자의 망막에 직접 투사하는 방식을 사용한다. 때문에 안경을 쓴 채로도 사용이 가능하고, 시력에 상관없이 가장 정확하고 선명한 가상 이미지를 표시한다.[46]

---

46) 한국 상륙한 '홀로렌즈2' 써보니…선명하고 정교한 혼합현실 돋보여, IT조선, 2020.11.03

8) Lenovo

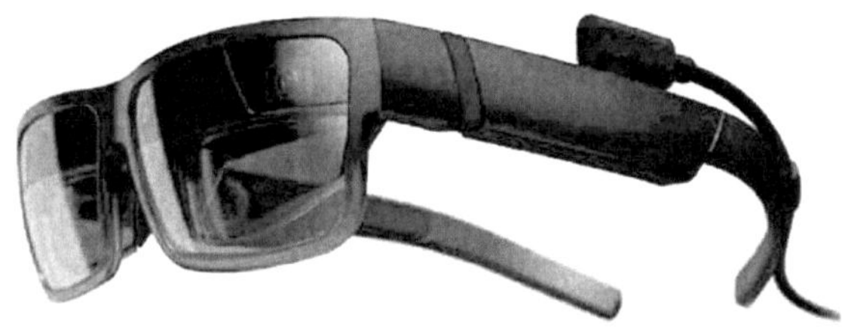

[그림 102] Lenovo

Lenovo는 스마트폰, 노트북 컴퓨터, 프로젝터, 데스크톱 컴퓨터, 워크스테이션, 서버, 스토리지 드라이브, IT 관리 소프트웨어 및 관련 서비스등 다양한 제품을 제조하고 판매하는 업체로, 업체의 포트폴리오에는 워크스테이션, 서버, 스토리지 솔루션, IT 관리 소프트웨어, 스마트 TV, 태블릿, PC, 스마트폰, AR-VR 장치 및 앱이 포함된다. Lenovo의 증강현실 제품은 헤드 마운트 디스플레이(HMD)와 엔터프라이즈 증강 현실(AR) 헤드셋으로 나눌 수 있다.

카테고리	제품 및 솔루션
헤드 마운트 디스플레이(HMD)	• Lenovo Mirage AR
엔터프라이즈 증강 현실(AR) 헤드셋	• ThinkReality A6 • ThinkReality A3

[표 33] Lenovo 주요 제품 제공 현황

Lenovo의 증강현실 헤드셋인 ThinkReality A6는 실제 환경에 3D 그래픽을 올리는 모바일 바이저다. ThinkReality A6 헤드셋 및 컨설팅 서비스와 더불어 레노버는 씽크리얼리티 플랫폼(ThinkReality Platform)을 제공하고 있다. 이 플랫폼은 AR 및 VR 앱 개발을 지원하기 위한 플랫폼으로, 디바이스 및 클라우드에 대한 지식이 없이도 앱을 개발할 수 있게 도와주며, 여러 운영체제를 지원한다.[47)

[그림 103] ThinkReality A3

---

47) 레노버, 기업용 AR/VR 헤드셋 '씽크리얼리티 A6' 공개, IT월드, 2019.05.16

나. 국내기업

1) 삼성

[그림 104] 삼성

삼성은 전자 제품을 생산하며 정보통신기술(ICT)에 대한 개발을 진행하고 있는 기업으로, 삼성전자는 삼성 그룹 안에서도 가장 규모가 큰, 삼성 그룹을 대표하는 기업이다. 삼성은 정보, 통신, 오디오 & 비디오 및 라이프케어(헬스 케어, 환경 및 에너지, 편리한 서비스 등) 사업을 강조하고 있다. 삼성의 가상현실 제품은 가상 현실 하드웨어 분야의 제품으로 아래 표와 같다.

카테고리	제품 및 솔루션
가상 현실(VR) 하드웨어	• Exynos

[표 34] 삼성 주요 제품 제공 현황

엑시노스는 모바일 어플리케이션 프로세서로, 최근 삼성전자는 엑시노스의 최신형인 엑시노스2200을 출시를 발표했다. 삼성전자에 따르면 엑시노스 2200에는 AMD의 RDNA2 아키텍처(설계구조) 기반 그래픽처리장치(GPU)가 탑재된다. 삼성전자 모바일 AP GPU는 그간 퀄컴 GPU 아드레노와 비교해 전력소모가 높고 성능이 뒤진다는 지적을 받았는데, 이를 크게 개선할 수 있을 것으로 예상된다.

엑시노스 2200은 영국 반도체 설계회사 ARM의 아키텍처를 사용한다. 중앙처리장치(CPU)는 ARM 코어텍스-X2 코어 1개, 코어텍스-A710 코어 3개, 코어텍스-A510 코어 4개로 구성된다. 기존과 비교해 CPU 성능은 5%, GPU 성능은 17% 향상됐고, 인공지능(AI) 연산을 맡고 있는 신경망처리장치(NPU)는 기존에 비해 성능이 116% 높아진 것으로 전해진다.[48]

최근 삼성전자가 마이크로소프트(MS)와 AR 홀로렌즈 프로젝트에 착수했다. 삼성전자는 AR 기술이 약하다는 평가를 지속적으로 받아왔기 때문에 이번 프로젝트를 통해 이를 극복할 것으로 전망된다.

---

48) 삼성전자 스마트폰 두뇌 '엑시노스' 공개 임박… AMD와 협업해 점유율 높인다, 조선비즈, 2022.01.10

　삼성전자는 AR 홀로렌즈 프로젝트에서 하드웨어 제작을 맡을 것으로 보인다. 디지렌즈 투자에 함께 참여한 삼성전기는 웨이브가이드 기술을 이용한 모듈 생산을 맡을 가능성이 크다. 삼성전기는 삼성그룹에서 카메라 모듈을 주력으로 생산한다. 삼성전자의 디지렌즈 투자에는 삼성디스플레이 의견도 반영된 것으로 전해졌다. 삼성전자 자회사이자 비상장사인 삼성디스플레이는 투자 전면에 나서기 어렵다.[49]

---

49) 삼성전자-MS, 'AR 홀로렌즈 프로젝트' 착수, Thelec, 2021.12.06

2) LG전자

[그림 105] LG전자

LG전자는 다양한 전자제품을 생산하는 기업으로, 1958년 금성사라는 이름으로 설립되었다. LG전자는 최근 증강현실과 가상현실등에도 많은 관심을 가지고 있다. 일례로 CES2022에서는 증강현실을 이용하여 제품을 전시하기도 했다. LG전자의 증강현실 제품은 차량용 AR 소프트웨어로 아래 표와 같다.

카테고리	제품 및 솔루션
차량용 AR 소프트웨어	• AR HUD(Head Up Display)

[표 35] LG전자 주요 제품 제공 현황

HUD는 자동차 전면 유리창에 필요한 정보를 보여주는 기술로, 운전자는 전방만 주시해도 내비게이션 정보뿐만 아니라 도로나 계기판 등의 정보를 볼 수 있다. LG전자는 세계 최초로 AR HUD를 상용화했다.[50]

최근 LG전자와 인공지능 기반 카메라 인식 소프트웨어 스타트업인 스트라드비전이 증강현실 기반의 차세대 운전석 계기 플랫폼 개발을 시작했다. 스트라드비젼은 카메라 인식 SW '에스브이넷(SVNet)'로 도로 상황을 수집·분석해 AR-HUD로 제공할 예정이다.[51] LG전자는 완성차 업체에 차량용 증강현실 소프트웨어 솔루션을 공급하는 사업을 본격적으로 추진할 전망이다. LG전자는 최근까지 헤드업 디스플레이(HUD), 계기판(클러스터), 중앙정보디스플레이(CID) 등과 같은 인포테인먼트 부품에 AR 소프트웨어를 결합시킨 패키지로 공급해왔다. LG전자는 사업구조를 보다 다각화해 완성차 업체들의 다양한 니즈에 선제적으로 대응하고 사업경쟁력을 높인다는 전략이다. LG전자 AR 소프트웨어 솔루션은 첨단운전자지원시스템(ADAS) 카메라, GPS, 네비게이션과 같은 다양한 센서와 실시간으로 연결된다. 여기서 얻은 데이터를 기반으로 주행속도, 보행자나 주변 차량과의 상대적 거리, 목적지까지의 경로 등 운전자에게 도움이 되는 시각적 정보를 3D 및 2D 그래픽 이미지로 보여준다.[52]

---

50) LG전자가 만드는 미래차의 핵심 #6 증강 현실(AR), LiVE LG, 2020.10.15
51) 스트라드비전-LG전자, AR HUD 개발 협업, 전자신문, 2021.12.20
52) LG전자, 차량용 AR 소프트웨어 사업 본격화, ZDNet, 2021.11.11

3) 비빔블

BIBIMBLE

[그림 106] 비빔블

비빔블은 2018년 2월에 설립된 업체로, VR, MR 콘텐츠 유통 및 소프트웨어 개발 공급을 주요 사업으로 하고 있는 업체다. 비빔블은 기존의 VR, AR, 홀로그램 등의 단점을 보완한 새로운 형태의 기술인 무안경식 혼합 현실 시스템인 HOLOMR을 개발하는 기업이다. HOLOMR은 여러 사람이 장비 없이 홀로그램 형태의 콘텐츠를 간접적으로 체험할 수 있는 새로운 형태의 플랫폼이다. 비빔블의 혼합현실 제품은 무안경식 혼합 현실 시스템으로 분류할 수 있으며 아래 표와 같다.

카테고리	제품 및 솔루션
무안경식 혼합현실 시스템	• HOLOMR

[표 36] 비빔블 주요 제품 제공 현황

비빔블은 최근 메타버스 분야에서 두각을 드러내고 있는데, 비빔블은 가상공간에서 전시회를 열어 누구나 공간 제약 없이 참여할 수 있는 메타버스 전시행사 플랫폼을 개발해 보급하기도 했다. 비빔블은 앞으로 'Weracle Land'라는 서비스 제공을 목표로 하고 있는데, Weracle은 'We+Miracle'의 합성어로 함께 만들어가는 세상을 모티브로 하고 있다. 비빔블은 향후 실제 세계에서 볼 수 있는 다양한 직업들을 위라클랜드 안에 담아 위라클랜드로 출근해 업무를 하고Play to Earn(P2E) 개념을 도입해 위라클랜드 내부에서 활동하는 것 만으로도 경제 활동이 가능하도록 할 예정이다.[53]

또한 비빔블은 시각특수효과(VFX) 및 콘텐츠 전문기업 덱스터스튜디오와 전략적 업무협약(MOU)을 맺으며 메타버스 기술 경쟁력 강화에 나섰다. 덱스터스튜디오와 비빔블은 이번 MOU를 통해 실제 인물과 유사한 3D 캐릭터 제작, 3D 캐릭터, 환경 제작 및 최적화 작업, 플랫폼에서 사용될 온라인 모션 캡처 동기화 기술 공동 개발 등을 함께할 예정이다. 양사의 기술 개발은 하이퍼 리얼리즘 그래픽에 초점을 맞춰 진행되며, 직접 제작한 3D 캐릭터는 향후 XR 홈쇼핑, 콘퍼런스, 강연, K-팝 공연 등에서 활용할 계획이다.[54]

---

53) 비빔블, 엔터프라이즈형 메타버스 플랫폼 개발 추진, 데일리안, 2022.01.12
54) 덱스터, 비빔블과 MOU 체결…메타버스 시장 경쟁력 강화, 문화일보, 2021.08.05

4) 맥스트

[그림 107] 맥스트

맥스트는 응용 소프트웨어 개발 및 공급업을 주력으로 하는 업체로 2010년 법인을 설립하여 2012년 벤처기업 인증을 받았다. 맥스트는 CES 2020에서 전시회에서 스마트팩토리와 같은 산업현장에서 AR 기술을 활용한 원격지원 솔루션인 AR서포트(AR Support), AR 매뉴얼 제작 툴인 AR스튜디오(AR Studio)로 구성된 산업용 증강현실(AR) 협업 솔루션(Industrial AR Solution)을 최초 공개했다. 맥스트의 증강현실 제품은 AR 개발 플랫폼, 공간기반 AR 플랫폼, 산업용 AR 솔루션으로 나눌 수 있다.

카테고리	제품 및 솔루션
AR 개발 플랫폼	• AR SDK • SLAM
공간기반 AR 플랫폼	• VPS
산업용 AR 플랫폼	• MAXWORK • VIV AR

[표 37] 맥스트 주요 제품 제공 현황

최근 맥스트의 주요 매출처는 산업용 AR 솔루션 사업으로 삼성전자, 현대자동차 등에 스마트팩토리 관련 솔루션을 제공하고 있다. 맥스트가 원천 기술을 보유하고 있는 AR 소프트웨어 개발 플랫폼은 지난 2012년 출범한 이후 지속적인 연구 개발을 통해 현재 버전 5.0까지 개발된 상태다. 맥스트의 AR 개발 플랫폼은 마케팅, 게임, 엔터테인먼트뿐만 아니라 헬스케어, 산업, 교육 등 다양한 분야에서 활용되고 있다. 이를 통해 설계된 애플리케이션의 수는 약 7,000개에 이른다.

산업용 AR 솔루션은 AR 개발 플랫폼 기술을 스마트팩토리 분야에 접목시킨 사업이다. 삼성전자, 현대자동차, 대우조선해양 등 국내 대기업을 비롯해 다수 중소기업에 스마트팩토리 관련 AR 솔루션을 제공하고 있다. 대기업의 경우 산업환경 특성에 맞는 AR 솔루션을 함께 구축하고 라이선스 비용을 받는 형태의 수익모델을 갖추고 있다.

맥스트는 AR 개발 플랫폼을 기반으로 첫 산업용 솔루션인 VIV AR(화상통화 기반 AR 서비스)를 출시했다. VIV AR은 AR기술과 영상통화 기술을 결합한 원격지원 서비스로 현장 작업자가 전문가에게 영상통화로 자신의 작업 환경을 공유하고 전문가가 공유된 영상 위에 AR 드로잉을 통해 직관적인 도움을 주는 방식으로 사용된다. AR드로잉 기능에 대한 특허는 한국과 미국에 등록돼있다.

맥스트는 삼성전자, KT 등 국내 대기업과 협력 관계를 통해 축적한 산업용 AR기술에 대한 이해도를 바탕으로 지난 2020년 산업용 통합 AR 서비스인 'MAXWORK'를 정식 출시했다. MAXWORK는 별도의 시스템 구축 없이 현장에서 바로 사용 가능한 서비스로 AR 매뉴얼 저작과 사용, 1대다 원격지원 등이 가능하다.

또한 맥스트는 AR 플랫폼 기반 콘텐츠 사업으로도 저변을 넓히고 있다. 맥스트는 메타버스 공간상의 특정 위치에 대한 독점적 점유권을 부여해 수익 창출과 함께 AR 디지털 사이니지를 통한 노출 광고 사업을 진행할 예정이다. 맥스트는 오는 2025년까지 전국 주요 거점에 VPS 플랫폼 157개 구축할 계획이며, 정부 주도의 디지털뉴딜사업인 XR 플래그십과 현실세계 XR(eXtended Reality·확장현실) 메타버스 프로젝트 사업 등에도 주관사로 참여하고 있다.[55]

---

55) [코스닥 New Star] 맥스트, 'AR특화' 메타버스 플랫폼 서비스 기업, 이코노믹리뷰, 2021.07.18

08

결론

8. 결론

 과거 게임 등 엔터테인먼트 분야에서 대부분 사용되었던 가상현실, 증강현실, 혼합현실은 최근 다양한 산업군에서 두각을 드러내고 있다. 다양한 분야에서 사용되는 가상융합기술(XR)의 사례를 통해 우리는 다음과 같은 시사점을 얻어낼 수 있다.[56]

① 실제적인 산업 혁신으로의 진화

 XR은 이제 흥미로운 사례의 단계를 지나 실제적인 산업 혁신의 차원으로 진화하고 있다. 디자인 시뮬레이션, 원격 지원, 훈련 등 구체적인 현장 수요에 대응하기 위한 XR 도입이 늘고 있고, 이에 따른 개선 효과가 구체화됨에 따라 더욱 많은 기업들이 XR 도입 의향을 보일 것으로 기대된다. 비행 시뮬레이션이 항공 안전을 위해 필수적인 과정으로 자리 잡은 것처럼 의료 분야의 수술 시뮬레이션, 기업 인력 개발 시뮬레이션 보급이 확대될 수 있다. 기업과 정부는 XR을 활용한 기업 혁신과 교육 효과 등에 주목하여 디지털 전환 촉진, 융합 인재 육성 등 디지털 뉴딜 측면에서 전 산업의 XR 도입과 확산을 지원해야 한다.

② 현장 인력 업무능력 증강을 위한 도구로써 도입 확대

 XR은 현장 인력의 업무능력 증강을 위한 도구로써 도입이 확대될 것으로 전망된다. 두꺼운 서류철이나 노트북/태블릿 PC를 소지하지 않아도 XR을 통해 다양한 정보와 전문가 지원을 실시간으로 접할 수 있게 되면 현장 근로자의 대응 능력 및 전문성이 크게 향상될 수 있다. 국방 분야에서도 일선 병사들의 안전과 전투력 향상을 위한 XR 도입 필요성이 높아질 것으로 보인다. 국내 현장 노동자와 일선 병사들을 코로나19, 업무재해 등 잠재적 위험에서 보호하고 디지털 활용 역량을 갖출 수 있도록 XR 도입 및 관련 기술 개발 지원이 지속적으로 이루어질 필요가 있다.

③ AI와의 융합

 XR과 AI의 융합을 통해 단조로운 가상 체험을 넘어서서 가상의 객체, 아바타 등과 지능적인 상호작용을 통해 몰입감을 높이고 보다 현실에 가까운 다양한 체험이 가능해질 수 것으로 기대된다. 앞선 사례와 같이, VR 문화 콘텐츠에 AI를 접목하여 관객 몰입도와 흥미를 높일 수 있다. 훈련용 VR 시뮬레이션에 AI를 접목하면 사용자 성향과 학습 데이터에 따른 맞춤형 가상 훈련 시나리오를 제공할 수 있다. 다만, 이 과정에서 얻어지는 다량의 사용자 데이터를 안전하고 사용자 거부없이 수집·관리할 필요성이 높아질 것이다.28 스탠퍼드대 가상 인간 인터랙션 연구실(Virtual Human Interaction Lab)의 제레미 바일런슨(Jeremy Bailenson) 소장에 따르면 단 20분간의 VR 체험에서 사용자로부터 200만 개의 데이터 포인트(Data points)가 수집되었다.

---

56) 글로벌 XR 활용 최신 동향 및 시사점, SPRI, 2020.10.28

9. 참고문헌

[1] XR(확장현실) 시대의 도래, 이슈브리프, 2021.05.10
[2] XR 기술과 메타버스 플랫폼 현황, 2021
[3] XR(VR, AR·MR)용 마이크로 디스플레이 기술동향, 한국디스플레이산업협회
[4] VR/AR, 비현실의 현실화, 삼성증권, 2019.07.12
[5] 가상융합기술(XR) 특허 동향, 주간기술동향, 2021.12.01
[6] 5G 통신망 기술, 기술동향브리프, 2019
[7] 언택트시대, 실감콘텐츠 기술의 지향점, 정보통신기획평가원, 2020.11.11
[8] 메타버스의 개념과 발전 방향, 정보처리학회, 2021.03
[9] 가상 증강현실에서의 OpenXR과 WebXR, 방송과 미디어 제26권 1호, 2021.01
[10] 가상융합기술(XR) 특허 동향, 주간기술동향, 2021.12.01
[11] 가상·증강현실(XR)을 활용한 교육·훈련분야 용도 분석, 정보통신산업진흥원, 2020.12.23
[12] 가상 현실 시장, 연구개발특구진흥재단, 2021.03
[13] 증강 현실 시장, 연구개발특구진흥재단, 2021.03
[14] 가상/증강현실 디바이스 기술 동향, TTA JOURNAL, 2019.09
[15] 모바일 혼합현실 기술, ETRI, 2007.08
[16] 글로벌 XR 정책 동향 및 시사점, MONTHLY SOFTWARE ORIENTED SOCIETY N, 2020
[17] 보건의료 분야 가상증강현실 기술 동향, 정보통신기획평가원, 2021.05.26
[18] 가상현실 기반 건설 시뮬레이션 기술 동향, 주간기술동향, 2021.07.21
[19] 글로벌 XR 활용 최신 동향 및 시사점, SPRI, 2020.10.28.

초판 1쇄 인쇄 2022년 01월 24일
초판 1쇄 발행 2022년 02월 07일

편저 비피기술거래 비피제이기술거래
펴낸곳 비티타임즈
발행자번호 959406
주소 전북 전주시 서신동 780-2 3층
대표전화 063 277 3557
팩스 063 277 3558
이메일 bpj3558@naver.com
ISBN 979-11-6345-335-2 (93560)

이 도서의 국립중앙도서관 출판예정도서목록(CIP)은 서지정보유통지원시스템홈페이지
(http://seoji.nl.go.kr)와국가자료공동목록시스템 (http://www.nl.go.kr/kolisnet)에서 이용하
실 수 있습니다.